[英] 艾莉森 · 佩奇（Alison Page）
黛安 · 莱文（Diane Levine）
霍华德 · 林肯（Howard Lincoln） 著

赵婴 樊磊 刘畅 郭嘉欣 刘桂伊 译

3

适合7～8岁

牛津给孩子的信息科技通识课

清华大学出版社
北京

内 容 简 介

新版《牛津给孩子的信息科技通识课》共 9 册，旨在向 5 ～ 14 岁的学生传授重要的计算思维技能，以应对当今的数字世界。本书是其中的第 3 册。

本书共 6 单元，每单元包含循序渐进的 6 个教学环节和 1 个自我测试。教学环节包括学习目标和学习内容、课堂活动、额外挑战和更多探索等。自我测试包括一定数量的测试题和以活动方式提供的操作题，读者可以自测本单元的学习成果。第 1 单元介绍数字设备及其功用；第 2 单元介绍如何运用网络发送、接收、处理电子邮件；第 3 单元介绍如何运用输入、输出和运算符编写程序；第 4 单元介绍如何在程序中更改设置值或输入值，如何查找并修复错误代码；第 5 单元介绍如何制作包含文本、图像或动画的幻灯片，以及如何修改幻灯片的放映方式；第 6 单元介绍如何在电子表格中添加数值、标签和使用公式、图表。

本书适合 7 ～ 8 岁的学生阅读，可以作为培养学生 IT 技能和计算思维的培训教材，也适合学生自学。

北京市版权局著作权合同登记号　图字：01-2021-6583

图书在版编目（CIP）数据

牛津给孩子的信息科技通识课 . 3 /（英）艾莉森 • 佩奇 (Alison Page)，（英）黛安 • 莱文 (Diane Levine)，（英）霍华德 • 林肯 (Howard Lincoln) 著；赵婴等译 . —北京：清华大学出版社，2024.9

ISBN 978-7-302-61053-3

Ⅰ . ①牛…　Ⅱ . ①艾… ②黛… ③霍… ④赵…　Ⅲ . ①计算方法－思维方法－青少年读物　Ⅳ . ① O241-49

中国版本图书馆 CIP 数据核字 (2022) 第 099530 号

责任编辑：袁勤勇
封面设计：常雪影
责任校对：韩天竹
责任印制：沈　露

出版发行：清华大学出版社
网　　址：https://www.tup.com.cn，https://www.wqxuetang.com
地　　址：北京清华大学学研大厦 A 座　　**邮　　编：**100084
社 总 机：010-83470000　　**邮　　购：**010-62786544
投稿与读者服务：010-62776969，c-service@tup.tsinghua.edu.cn
质 量 反 馈：010-62772015，zhiliang@tup.tsinghua.edu.cn
印 装 者：小森印刷（北京）有限公司
经　　销：全国新华书店
开　　本：210mm×260mm　　**印　　张：**7.25　　**字　　数：**137 千字
版　　次：2024 年 9 月第 1 版　　**印　　次：**2024 年 9 月第 1 次印刷
定　　价：59.00 元

产品编号：089971-01

序言

2022年4月21日，教育部公布了我国义务教育阶段的信息科技课程标准，我国在全世界率先将信息科技正式列为国家课程。“网络强国、数字中国、智慧社会”的国家战略需要与之相适应的人才战略，需要提升未来的建设者和接班人的数字素养和技能。

近年，联合国教科文组织和世界主要发达国家都十分关注数字素养和技能的培养和教育，开展了对信息科技课程的研究和设计，其中不乏有价值的尝试。《牛津给孩子的信息科技通识课》是一套系列教材，经过多国、多轮次使用，取得了一定的经验，值得借鉴。该套教材涵盖了计算机软硬件及互联网等技术常识、算法、编程、人工智能及其在社会生活中的应用，设计了适合中小学生的编程活动及多媒体使用任务，引导孩子们通过亲身体验讨论知识产权的保护等问题，尝试建立从传授信息知识到提升信息素养的有效关联。

首都师范大学外国语学院赵婴教授是中外教育比较研究者；首都师范大学教育学院樊磊教授长期研究信息技术和教育技术的融合，是普通高中信息技术课程课标组和义务教育信息科技课程课标组核心专家。他们合作翻译的该系列教材对我国信息科技课程建设有参考意义，对中小学信息科技课程教材和资源建设的作者有借鉴价值，可以作为一线教师的参考书，也可供青少年学生自学。

熊璋

2024年5月

译者序

2014年，我国启动了新一轮课程改革。2018年，普通高中课程标准（2017年版）正式发布。2022年4月，中小学新课程标准正式发布。新课程标准的发布，既是顺应智慧社会和数字经济的发展要求，也是建设新时代教育强国之必需。就信息技术而言，落实新课程标准是中小学教育贯彻“立德树人”根本目标、建设“人工智能强国”及实施“全民全社会数字素养与技能”教育的重要举措。

在新课程标准涉及的所有中小学课程中，信息技术（高中）及信息科技（小学、初中）课程的定位、目标、内容、教学模式及评价等方面的变化最大，涉及支撑平台、实验环境及教学资源等课程生态的建设最复杂，如何达成新课程标准的设计目标成为未来几年我国教育面临的重大挑战。

事实上，从全球教育视野看也存在类似的挑战。从2014年开始，世界主要发达国家围绕信息技术课程（及类似课程）的更新及改革都做了大量的尝试，其很多经验值得借鉴。此次引进翻译的《牛津给孩子的信息科技通识课》就是一套成熟的且具有较大影响的教材。该套教材于2014年首次出版，后根据英国课程纲要的更新，又进行了多次修订，旨在帮助全球范围内各个国家和背景的青少年学生提升数字化能力，既可以满足普通学生的计算机学习需求，也能够为优秀学生提供足够的挑战性知识内容。全球任何国家、任何水平的学生都可以随时采用该套教材进行学习，并获得即时的计算机能力提升。

该套教材采用螺旋式内容组织模式，不仅涵盖计算机软硬件及互联网等技术常识，也包括算法编程、人工智能及其在社会生活中的应用等前沿话题。教材强调培养学生的技术责任、数字素养和计算思维，完整体现了英国中小学信息技术教育的最新理念。在实践层面，教材设计了适合中小学生的编程活动及多媒体使用任务，还以模拟食品店等形式让孩子们亲身体验数据应用管理和尊重知识产权等问题，实现了从传授信息知识到提升信息素养的跨越。

该套教材所提倡的核心观念与我国信息技术课标的要求十分契合，课程内容设置符合我国信息技术课标对课程效果的总目标，有助于信息技术类课程的生态建设，培养具有科学精神的创新型人才。

他山之石，可以攻玉。此次引进的《牛津给孩子的信息科技通识课》为我国5～14岁的学生学习信息技术、提高计算思维提供了优秀教材，也为我国中小学信息技术教育提供了借鉴和参考。

在本套教材中，重要的术语和主要的软件界面均采用英汉对照的双语方式呈现，读者扫描二维码就能看到中文界面，既方便学生学习信息技术，也帮助学生提升英语水平。

本套教材是5~14岁青少年学习、掌握信息科技技能和计算思维的优秀读物，既适合作为各类培训班的教材，也特别适合小读者自学。

本套教材由赵婴、樊磊、刘畅、郭嘉欣、刘桂伊翻译。书中如有不当之处，敬请读者批评指正。

译者

2024年5月

前言

向青少年学习者介绍计算思维

《牛津给孩子的信息科技通识课》是针对5~14岁学生的完整的计算思维训练大纲。遵循本系列课程的学习计划，教师可以帮助学生获得未来受教育所需的计算机使用技能及计算思维能力。

本书结构

本书共6单元，针对7~8岁学生。

1. **技术的本质**：了解数字设备如何为人们提供帮助。
2. **数字素养**：使用技术进行沟通。
3. **计算思维**：编写运用输入和输出的程序。
4. **编程**：设置和更改数值以生成不同输出。
5. **多媒体**：使用文本和图像改进幻灯片。
6. **数字和数据**：使用软件进行计算。

你会在每个单元中发现什么

简介：线下活动和课堂讨论帮助学生开始思考问题。

课程：6节课程引导学生进行活动式学习。

测一测：测试和活动用于衡量学习水平。

你会在每课中发现什么

每课的内容都是独立的，但所有课程都有共同点：每课的学习成果在课程开始时就已确定；学习内容既包括技能传授，也包括概念阐释。

活动 每课都包括一个学习活动。

额外挑战 让学有余力的学生得到拓展的活动。

再想一想 检测学生理解程度的测试题。

附加内容

你也会发现贯穿全书的如下内容：

词汇云 词汇云聚焦本单元的关键术语以扩充学生的词汇量。

创造力 对创造性和艺术性任务的建议。

探索更多 可以带出教室或带到家里的额外任务。

未来的数字公民 关于在生活中负责任地使用计算机的建议。

词汇表 关键术语在正文中首次出现时都显示为彩色，并在本书最后的词汇表中进行阐释。

评估学生成绩

每个单元最后的“测一测”部分用于对学生成绩进行评估。

- 进步：肯定并鼓励学习有困难但仍努力进取的学生。
- 达标：学生达到了课程方案为相应年龄组设定的标准。大多数学生都应该达到这个水平。
- 拓展：认可那些在知识技能和理解力方面均高于平均水平的学生。

测试题和活动按成绩等级进行颜色编码，即红色为“进步”，绿色为“达标”，蓝色为“拓展”。自我评价建议有助于学生检验自己的进步。

软件使用

建议本书读者用Scratch进行编程。对于其他课程，教师可以使用任何合适的软件，例如Microsoft Office、谷歌Drive软件、LibreOffice、任意Web浏览器。

资源文件

你会在一些页看到这个符号，它代表其他辅助学习活动的可用资源，例如Scratch编程文件和可下载的图像。

可在清华大学出版社官方网站www.tup.tsinghua.edu.cn上下载这些文件。

目录

本书知识体系导读

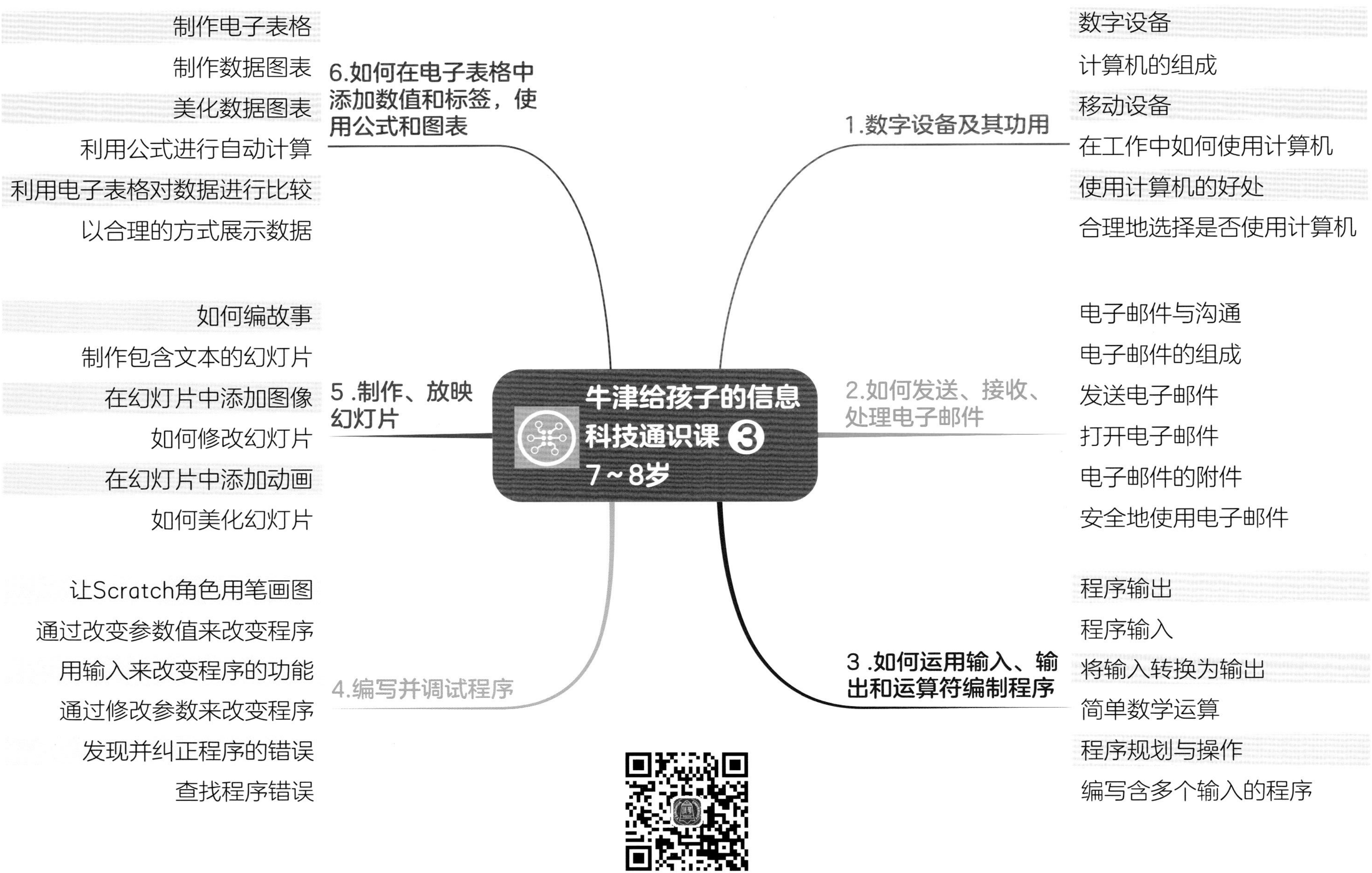

牛津给孩子的信息科技通识课③ 7～8岁

1.数字设备及其功用

- 数字设备
- 计算机的组成
- 移动设备
- 在工作中如何使用计算机
- 使用计算机的好处
- 合理地选择是否使用计算机

2.如何发送、接收、处理电子邮件

- 电子邮件与沟通
- 电子邮件的组成
- 发送电子邮件
- 打开电子邮件
- 电子邮件的附件
- 安全地使用电子邮件

3.如何运用输入、输出和运算符编制程序

- 程序输出
- 程序输入
- 将输入转换为输出
- 简单数学运算
- 程序规划与操作
- 编写含多个输入的程序

4.编写并调试程序

- 让Scratch角色用笔画图
- 通过改变参数值来改变程序
- 用输入来改变程序的功能
- 通过修改参数来改变程序
- 发现并纠正程序的错误
- 查找程序错误

5.制作、放映幻灯片

- 如何编故事
- 制作包含文本的幻灯片
- 在幻灯片中添加图像
- 如何修改幻灯片
- 在幻灯片中添加动画
- 如何美化幻灯片

6.如何在电子表格中添加数值和标签，使用公式和图表

- 制作电子表格
- 制作数据图表
- 美化数据图表
- 利用公式进行自动计算
- 利用电子表格对数据进行比较
- 以合理的方式展示数据

本书使用说明

技术的本质：数字设备

你将学习：

- 数字设备是什么；
- 你可以使用的数字设备；
- 计算机如何帮助你；
- 计算机无法做的事情。

在本单元中，你将学习数字设备。设备是人们用来帮助自己的东西。计算机属于数字设备。计算机使这些数字设备功能更为强大。

你知道吗？

配备计算机设备可以检测你的心跳，它们使用安全的电子传感器。医生看计算机屏幕，就能判断你的心脏是否健康。

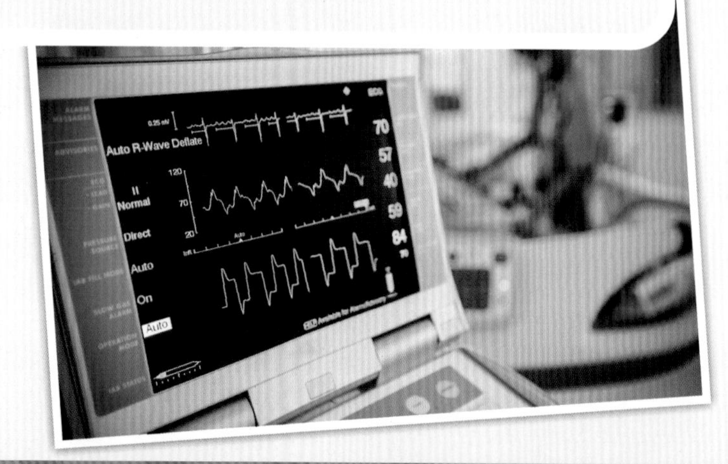

谈一谈

你长大后想做什么工作？你会在工作中使用计算机吗？计算机将如何帮助你？

学习成果：描述一系列熟悉的数字设备；描述计算机可以提供帮助的任务。

课堂活动

有些人的工作可以帮助你。例如，如果人们生病了，医生会帮助他们康复。

你认为还有哪些工作可以帮助人们？列出这些工作的课堂清单。在每项工作旁边，说说人们使用计算机的一种方式。

数字设备　处理器　输入设备
输出设备　触摸屏　手持式
移动设备　平板计算机

1.1 数字设备

本课中

你将学习：

➔ 数字化意味着什么；

➔ 哪些设备是数字设备。

螺旋回顾

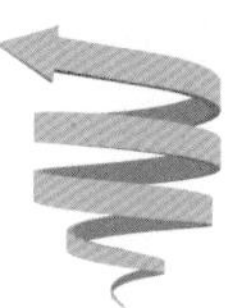

在第2册中，你了解了计算机要使用电。在本节课中，你将了解有关计算机如何使用电的更多信息。你还将学习为什么将计算机称为数字设备。

开关

计算机靠电工作。计算机中有数百万个电子开关，它们不是像电灯开关那样的开关，你看不见也摸不着。它们是通过电工作的微型开关。

计算机内的开关可以打开或关闭。

- 数字0表示关闭开关。
- 数字1表示打开开关。

开关总是在变化。电流通过计算机打开或关闭开关。

数字的

计算机使用开关来生成电子数字。这就是计算机里的全部东西。这里有数以百万计的电子数字。

计算机里的一切都是由这些数字组成的。

数字化意味着由数字组成。

计算机里的一切都是**数字的**。

数字设备

设备是人们制造出的一切有用的东西。

数字设备是一切带有计算机的设备。

这里有许多类型的数字设备。你知道哪些？

智能手机　　台式计算机　　平板计算机　　笔记本计算机

活动

将设备与名称匹配。写下名字和数字，或者画出设备并在旁边写上名字。

额外挑战

有一种数字设备称为可穿戴设备。你以前听说过吗？了解更多的设备，画出或写下你的发现。

说出一些不是数字设备的东西。解释你的答案。

1.2 计算机的各部分

本课中

你将学习:

➔ 一台标准计算机的各个组成部分。

螺旋回顾

在第2册中，你了解了输入和输出设备。在本节课中，你将学习它们如何组成计算机系统。

处理器

每台计算机内部都有一个**处理器**。处理器是电子设备。处理器控制计算机的所有其他部件。

输入和输出

其他设备连接到处理器:

- **输入设备**向处理器发送信号，例如鼠标和键盘。
- **输出设备**从处理器获取信号，例如显示器和扬声器。

如果没有输入和输出设备，人们就不能使用计算机。

台式计算机

台式计算机的部件比较大。例如，显示器很大，而且可能有多个显示器。

这些部件彼此分开。它们可能通过电线连接在一起，也可能是无线连接的。

台式计算机又大又重，不容易携带。

笔记本计算机

笔记本计算机有更小的部件，屏幕和键盘都很小。所有零件都装在同一个盒子中，它们被固定在适当的位置。

笔记本计算机又小又轻，很容易携带。

笔记本计算机使用触摸板代替鼠标。有些人随身携带鼠标，并将其连接到笔记本计算机。

台式计算机的用途是什么？

你可以使用台式计算机做许多工作。你可以坐着打字，可以在大屏幕上清楚地看到你的工作内容。

许多人喜欢在台式计算机上玩游戏。他们喜欢大屏幕，喜欢使用键盘和其他插入计算机的控件。

你会选择哪一个？

活动

你在学校最常使用哪种类型的计算机？

画出计算机并标注部件。

额外挑战

你喜欢台式计算机还是笔记本计算机？

为你喜欢的一类计算机做个广告。

再想一想

计算机系统的中心是什么设备？（**提示：** 它不是输入或输出设备。）

1.3 移动设备

本课中

你将学习：

➔ 移动设备的特性。

触摸屏

某些计算机带有**触摸屏**。触摸屏用于输入和输出。

- 屏幕上会显示图片、文字和视频。
- 你可以触摸屏幕告诉计算机该做什么。

如果你有触摸屏，则不需要键盘。屏幕上有键盘图片，你可以通过触摸屏幕来使用按键。

手持计算机

带触摸屏的计算机可以很小很轻。你可以把它拿在手里使用。你可以随身携带。像这样的计算机被称为**手持**计算机。其另一个名字是**移动设备**。

平板计算机的屏幕较大，大约和一本书一样大。

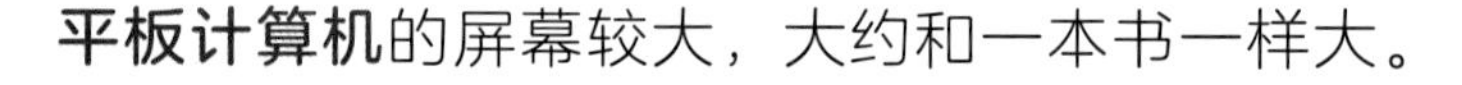

智能手机类似于个人计算机，是平板计算机与手机的结合体，但它比平板计算机小得多。

移动设备的用途是什么？

人们使用移动设备上网。移动设备具有无线连接。

- 平板计算机在建筑物中使用无线网络。例如，你的学校或家里可能有无线网络。
- 智能手机有自己的互联网连接。你可以在户外、乡村或城镇使用互联网。

人们主要使用移动设备来浏览和阅读，也可能用来看电视节目，也可能会向朋友发送一条短消息，也可能会用于速记。

人们通常不使用移动设备制作需要大量输入文字的大文档。

活动

列一张表，写出你能在这张图片中看到的所有数字设备。

额外挑战

从图片中选择一个人，写一段关于以下内容的文字：

- 他们使用的是什么类型的数字设备；
- 他们可能用它做什么。

你可以写任何你喜欢的东西。

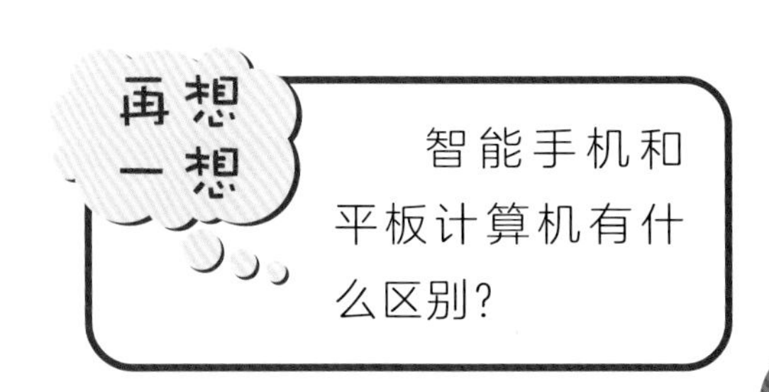

智能手机和平板计算机有什么区别？

1.4 工作中的计算机

本课中

你将学习：

➔ 如何在不同工作中使用计算机。

医生

你生病时医生会帮助你。他们帮助你变得更健康。

计算机可以帮助医生工作。例如，医生可以使用计算机完成以下工作：

- 了解疾病和治疗方法；
- 向其他医院的医生发送消息；
- 为病人预约；
- 观察人体内部，以获取确切的照片和测量值；
- 打印图表，以帮助发现疾病；
- 存储有关患者的信息；
- 控制机器，使机器日夜不停地照顾病人。

店主

店主可以帮助你。他们可以帮助你购买所需的东西。

计算机可以帮助店主完成工作。例如，店主可以使用计算机执行以下操作：

- 通过互联网向世界各地的人们出售商品；
- 了解新产品；
- 存储有关待售物品的信息；

- 快速准确地合计你的账单；
- 制作彩色海报和传单做广告；
- 接收客户付款；
- 支付员工工资；
- 始终将食物存放于稳定的温度下。

活动

想一想你成年后想做的工作。再想一想你可以在该工作中使用计算机的一种方式。画出或写出你将如何使用计算机。

额外挑战

你可能无法在工作的所有环节中都使用计算机。画出或写出无需计算机也能完成的工作。

与一个有工作的成年人（例如你的家人）聊聊，问问他们是否使用计算机。看看计算机是如何帮助他们的。

1.5 计算机如何提供帮助

本课中

你将学习：

➔ 关于使用计算机的益处。

益处

“益处”是指让事情变得更好。人们使用计算机是因为它能带来好处。计算机可以帮助你把事情做得更好。

以下是使用计算机的一些好处：

- **让工作更轻松。**计算机可以使一些任务更容易完成。
- **快速准确。**计算机可以进行精确的计算和测量。
- **存储信息，并找出问题所在。**计算机可以存储信息并找到答案，包括使用互联网。
- **长途通信。**计算机可以向全世界的人发送信息。
- **清晰、整洁地工作。**计算机的输出是整洁和清晰的。
- **不需要休息。**计算机可以日夜无休地控制机器和设备。

在上一课中，你了解了计算机帮助医生和店主的一些方法。

下一页的表格展示了计算机对医生和店主的好处，其中还有一些空格。

好处	医生的工作	店主的工作
让工作更轻松	为病人预约	接受客户付款； 支付员工工资
快速准确		
存储信息并找出问题所在		了解新产品； 存储有关待售物品的信息
长途通信	向其他医院的医生发送消息	
清晰、整洁地工作	打印图表，以帮助人们发现疾病	
不需要休息		始终将食物存放于稳定的温度下

活动

把表格复印一份。回顾上一课，看看医生和店主所做的工作。把每项工作写在正确的框中。部分工作已经填在表格中了。

额外挑战

你已经看到了医生和店主的工作。现在想想教师的工作。想一想教师使用计算机的所有方式。

- 写下你能想到的所有好处。
- 你能够把它们与本页介绍的好处联系起来吗？
- 为表格添加一列，展示计算机对老师的好处。

创造力

选择本页的工作之一（医生、店主或教师）。通过画漫画而不是文字来展示他们如何使用计算机。

再想一想

举例说明计算机在学习和生活中对你的帮助：

- 查明事实；
- 清晰、整洁地工作。

1.6 做出恰当的选择

本课中

你将学习：

- 如何选择计算机能够或不能够提供帮助的任务；
- 如何为任务选择合适的计算机。

局限性

计算机有局限性，指的是计算机有所不擅长的工作。

这里有一些计算机不能做的事情。

- **做有创意的事。**计算机不能发明新事物，也不具有创造性。
- **了解别人。**计算机无法理解人类的感受。计算机不能展现人类的感觉，也不能建立友谊。
- **承担责任。**计算机可以给人们提供信息，来帮助他们做决定。但人们必须做出自己的选择。

计算机的局限性	医生的工作	店主的工作
做有创意的事		
了解别人		
承担责任		

下面是一些医生或店主可能会做的工作的例子。

在两种治疗方法中做选择。

听病人诉说他们的忧虑。

与顾客谈论他们想买什么。

为商店制作广告。

改变商店商品的价格。

发明一种治疗疾病的新方法。

活动

复制上一页的表格。把一些活动填入表格，展示计算机做不到，医生或店主却可以做到的事情。

选择合适的设备

如果你使用计算机执行任务，则需要选择合适的设备。右图中是你在本单元中学习过的设备。

台式计算机	
笔记本计算机	
平板计算机	
智能手机	

活动

下面是人们说的一些话。为每个人推荐理想的数字设备。

- “我想坐在办公桌前打字。”
- “我想在去学校的公共汽车上玩计算机游戏。”

额外挑战

选择一个你没有选择的数字设备。说一件人们可能会用这个设备做的事。

说一件老师能做而计算机不能做的事。

未来的数字公民

在学校里，你经常要用计算机，因为你的老师这么说！但当你长大后，你将有能力做出决定。

- 你想用计算机吗？
- 你选择使用什么设备？

在学校学习计算机知识将有助于你将来做出恰当的决定。

测一测

你已经学习了：

- ➔ 数字设备是什么；
- ➔ 你可以使用的数字设备；
- ➔ 计算机如何帮助你；
- ➔ 计算机不能做的事情。

测试

❶ 说一个你在学校用计算机完成的任务。

❷ 计算机是如何帮助你完成这项任务的？

③ 一位艺术家使用计算机工作。解释计算机能够帮助他的两种方式。

④ 解释在一个艺术家的工作中计算机可以完成的部分。

活动

1.孩子们在使用什么设备？画一画这个设备，尽可能清楚地展现出来。

2.该设备的一部分用于输入和输出。标记出此部件。

3.想想你是怎么使用这个设备的。

- 这个设备容易携带吗？
- 你能用这个设备打字1小时吗？

4.说一个你可能在未来工作中使用该设备的方式。

自我评估

- 我回答了测试题1和测试题2。
- 我完成了活动1。我画出了一张设备的图片。
- 我回答了测试题1～测试题3。
- 我完成了活动1和活动2。我画出了一张设备的图片，并添加了一个标签。
- 我回答了所有的测试题。
- 我完成了所有活动。

重读本单元中你不确定的部分。再次尝试测试题和活动，这次你能完成得更多吗？

数字素养：探险家

你将学习：

- ➔ 如何使用技术发送和接收消息；
- ➔ 描述信息的各个部分；
- ➔ 如何回应你不确定或感到担忧的沟通。

人类是富有求知欲的。几千年来，人们一直好奇地探寻着远离家园的新地点。

在本单元中，你将假装自己是探险家，到新的地方旅行。探险家可能会了解植物、动物和环境。探险家可能会寻找宝藏或适宜建造家园的地方。

谈一谈

我们通过各种各样的方式相互交流。你能想到几种不同的沟通方式？

学习结果：使用技术发送和接收消息；描述消息的各部分；解释如何回应不适宜的沟通。

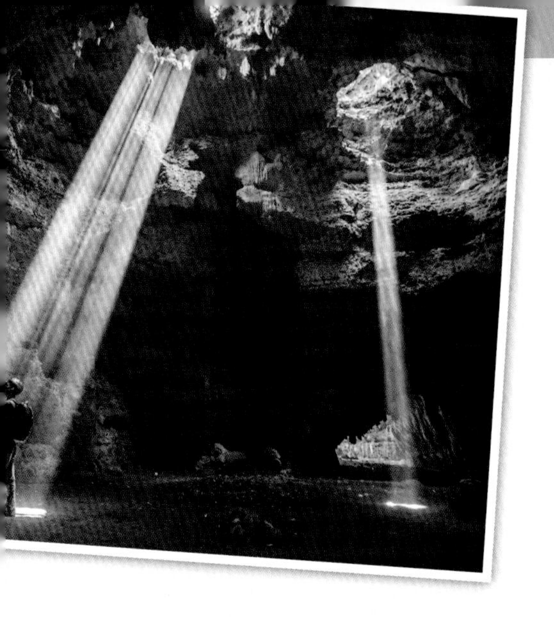

你知道吗?

伊本·巴图塔是摩洛哥著名的探险家。他生活在600多年前。伊本·巴图塔游历了非洲、中东和亚洲大部分地区。

电子邮件　垃圾邮件　网络钓鱼
附件 收件箱　电子邮件地址
域　网址嫁接

课堂活动

分组工作。画出并写下探险家的旅程。展示他们去过的地方和他们做了什么。如果你知道一个来自你自己国家的真实的探险家，你也可以以他们为例。或者你可以使用一个虚构的例子，例如第一个去火星的人。

2.1 沟通

本课中

你将学习：

- 不同的交流方式；
- 电子邮件是什么。

螺旋回顾

在第2册中，你学会了如何利用互联网搜寻信息。你知道了什么是私人信息，以及如何在计算机房里保持安全和快乐。在本单元中，你将学习如何使用互联网发送和接收消息。

沟通方式

我们可以用各种各样的方式交流。沟通意味着与他人分享想法或信息。

她继续写信。

有些信件是私人信件。有些信件是关于实际发生的事情的。

有时我们需要快速传递信息。我们可以使用电子邮件来即时发送信息。电子邮件常称为E-mail，它通过互联网发送消息。

有些交流方式非常可靠。“可靠”意味着消息一定会传递给对方。

有些交流方式是私人的。它们只会被某一个人看到。

有些交流方式很迅捷。

有些交流方式使用起来很简单。

活动

看看这些交流方式。

哪种或哪几种方式可靠？

哪种或哪几种方式是私人的？

哪种或哪几种方式比较快？

哪种或哪几种方式使用简单？

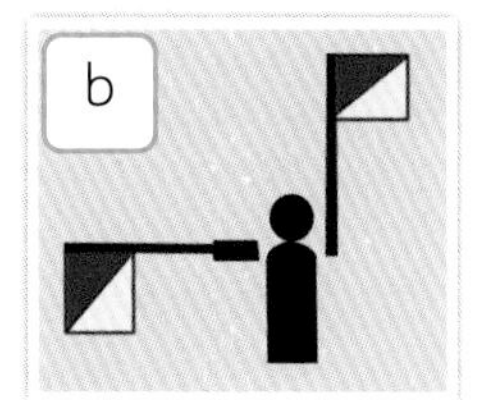

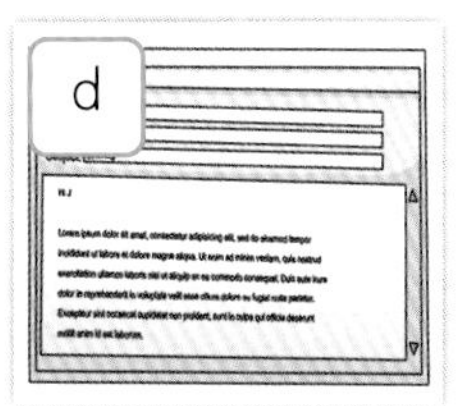

额外挑战

你可以自己建立沟通方式吗？

电子邮件很受欢迎。你认为电子邮件为什么如此受欢迎？

未来的数字公民

一些电子邮件系统似乎可以免费使用。你不必为发送电子邮件支付邮费。

我们称提供电子邮件系统的公司为“电子邮件提供商”。你认为电子邮件提供商是如何赚钱的？

2.2 电子邮件是什么样的

本课中

你将学习：

➔ 电子邮件的组成部分。

电子邮件的各个部分

大多数电子邮件都有相似的部分。

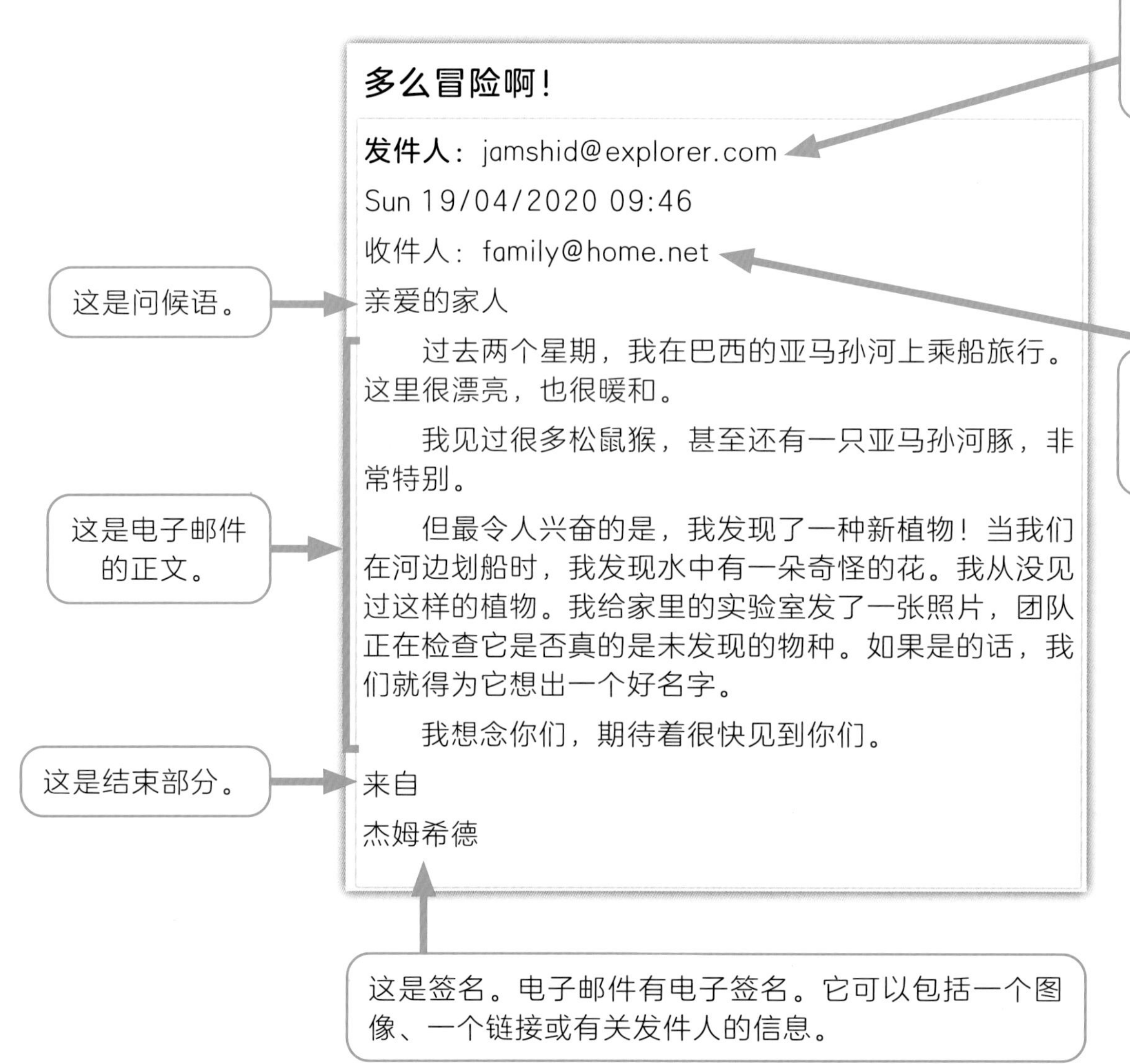

活动

你要打开自己的电子邮件账户。请按照老师的指示使用学校的电子邮件系统。

打开一封新的电子邮件。

你能找到以下各部分正确的位置吗?

- 电子邮件将发送到的地址;
- 主题;
- 正文;
- 签名。

额外挑战

发送不同消息的最佳方式是什么?与同学们讨论不同类型的消息以及发送消息的最佳方式。例如,打电话、面对面交谈或写信。

你应该单击哪里发送电子邮件?画出或写下你的答案。

2.3 发送电子邮件

本课中

你将学习：

➔ 如何发送电子邮件。

电子邮件地址

电子邮件地址告诉计算机消息需要发送到哪个邮箱。

看看伊恩斯的电子邮件地址。你注意到了什么？它有三个部分。

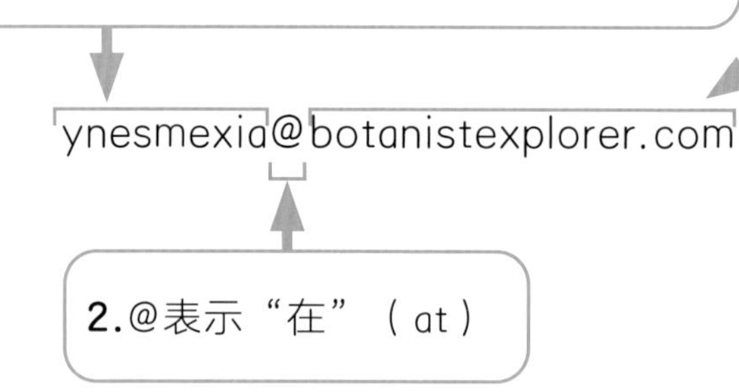

所有电子邮件地址都包含这三部分。

电子邮件可以通过两种方式发送：从电子邮件客户端程序发送，电子邮件客户端程序是计算机上的软件；通过基于Web的电子邮件客户端程序发送。这意味着可以从具有互联网连接的任何地方发送电子邮件。

发送邮件

开始写一封新的电子邮件。不同的电子邮件提供商以不同的方式执行此操作。单击“写信”（Compose）、“新”（New）或“新消息”（New Message）。

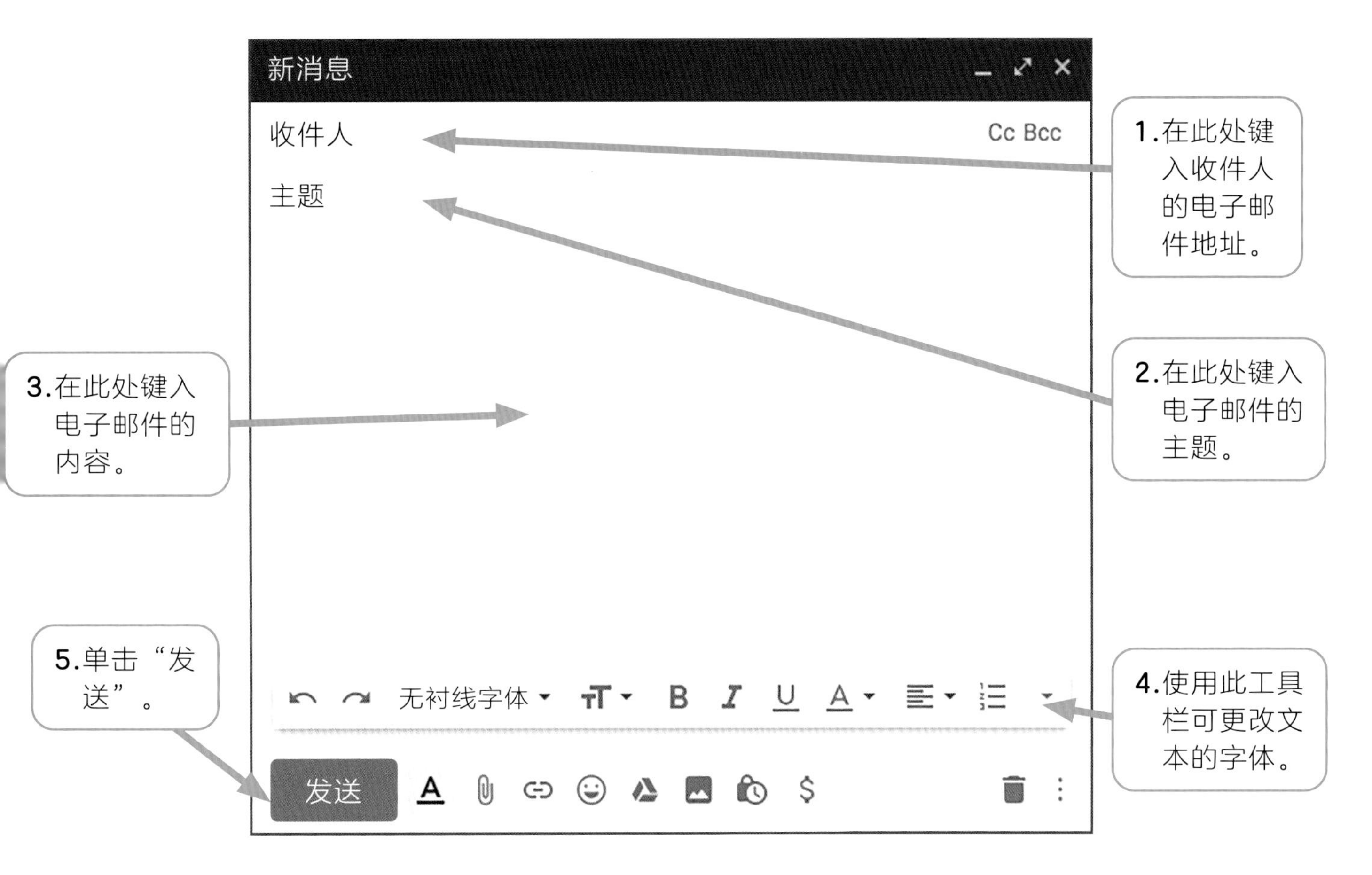

活动

想象你是一个在沙漠中旅行的探险家。

给你的老师写一封关于沙漠的电子邮件。

如果你需要更多的信息，可以上网了解炎热和寒冷的沙漠。

额外挑战

找出你班上某个人的电子邮件地址。给他发送一封邮件，说说未来你想去哪些国家。

探索更多

使用互联网查找有关探险家的信息。右图是内斯·梅希亚（Ynes Mexia），她是探险家，也是植物学家。

2.4 打开电子邮件

本课中

你将学习：

➔ 如何打开电子邮件。

如何打开电子邮件

你会在**收件箱**里发现新的电子邮件。收件箱是电子邮件程序中的一个电子文件夹，新邮件会传送到那里。

未读的新邮件通常以加粗的字体显示。

单击加粗的新邮件字样，打开电子邮件。

□ ☆	**我**	**我们昨晚到达德雷克海峡的一个新营地。企鹅们……**	上午11:16

如何回复电子邮件

要回复电子邮件，请单击“回复”（Reply）词语或“回复”（Reply）图标。

键入电子邮件，并单击“发送”（Send）词语或“发送”（Send）图标。

Send

活动

上一课的“探索更多”中，你了解了一些关于探险家的信息。想想某个内容，写成一个句子。

发一封电子邮件，告诉某个同学这个信息。

打开并阅读同学发给你的邮件。

额外挑战

一位同学给你发了封电子邮件。回复该邮件，告诉发信人你了解的信息有什么有趣的地方。

再想一想

为什么保存发送的电子邮件副本会很有用？

2.5 附件

本课中

你将学习：

- 附件是什么；
- 如何发送附件。

什么是附件？

“附加”（attach）这个词的意思是连接到其他事物上。**附件**（attachment）则是可以通过电子邮件发送的额外文件。附件已加入到电子邮件中。

附件可以是：

- 照片；
- 文档；
- 声音文件；
- 视频。

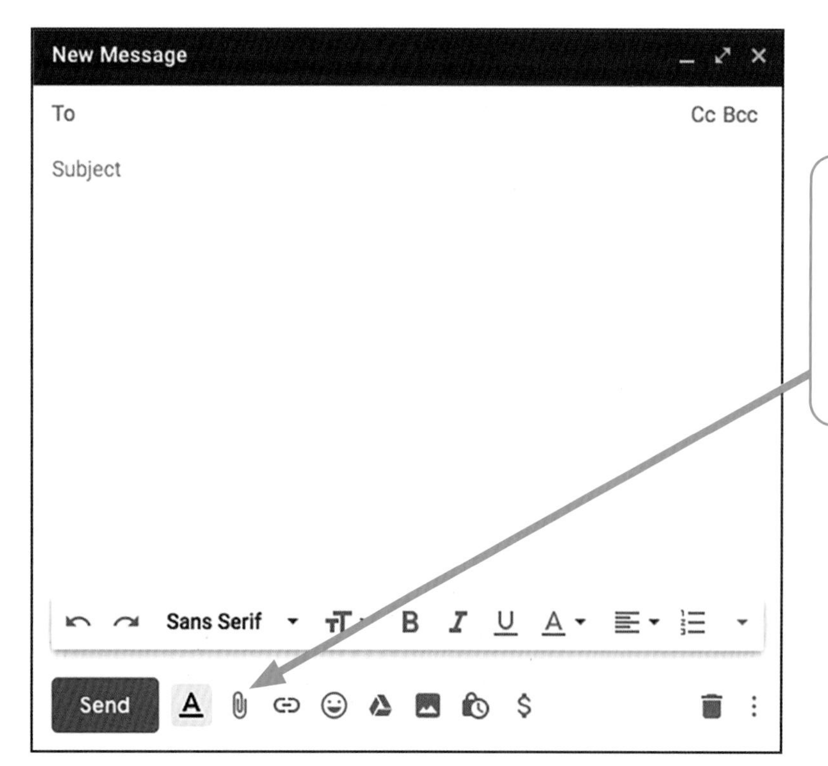

单击回形针符号，该符号的意思是附件。一个对话框会在其中打开。选择要添加的文件，双击该文件，或选中后单击“附加”或“打开”按钮。

活动

想象你是一个高山探险家。

在互联网上找到一个可以免费使用的有关山脉的图像。

保存图像。

打开一封新的电子邮件。

在主题中键入Mountain（山脉）。

键入一句关于所选图像的句子。

附上图像文件。

把邮件发给同学。

额外挑战

打开你从同学那里收到的电子邮件。

双击附件打开它。

用一句话描述这幅图片。

描述一件事，你可以将它添加到电子邮件以及图片上。

2.6 保证安全

本课中

你将学习：

- 什么是垃圾邮件、网络钓鱼和网址嫁接；
- 如何在使用电子邮件时保证安全。

垃圾邮件、网络钓鱼和网址嫁接

很多人用电子邮件与他人交流。

可悲的是，有些人用电子邮件做伤害别人的事。

垃圾邮件试图在你没有需求的时候卖给你一些东西。垃圾邮件发送者发送数千封电子邮件。

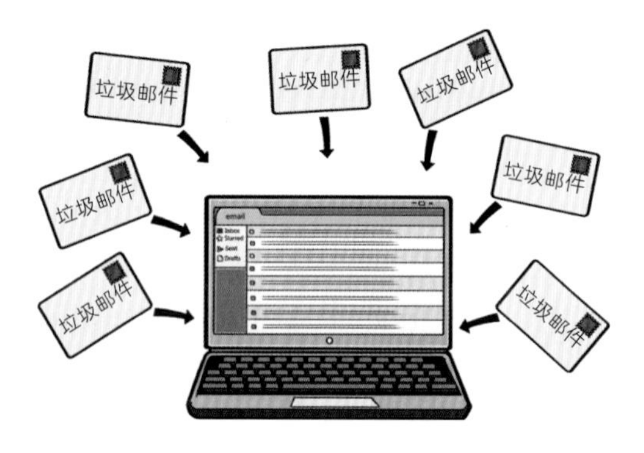

网络钓鱼意味着发送一封地址不真实的电子邮件。钓鱼邮件试图从你那里获取个人信息和私密信息。

网址嫁接邮件会把你送到一个假网站。

该网站要求你提供个人信息和私密信息。

保证安全

使用三个电子邮件安全规则保护自己。

活动

使用三个电子邮件安全规则为你的教室制作海报。

额外挑战

给你的老师发送一封电子邮件，告诉他什么是网络钓鱼和网址嫁接。

测一测

你已经学习了：

- 如何使用电子邮件发送和接收消息；
- 描述消息的各部分；
- 如何回应你不确定或感到担忧的沟通。

测试

深海生物

发件人：jack@deepsea.com

Mon 13/01/2020 14:02

收件人：maya@home.com

亲爱的妹妹：

我们今天进行了一次深海潜水，潜到了一个以前没人探索过的海沟里。

我看到了一条美丽的琵琶鱼。我附上了那条鱼的照片。

爱你

你的哥哥

1. 这封电子邮件是关于什么的？
2. 谁发送了这封电子邮件？
3. 邮件发送的日期是哪天？
4. 这是一封友好的电子邮件。如果你收到不确定或令你感到担忧的电子邮件，你会怎么办？
5. 该电子邮件附件的文件名称是什么？
6. 描述打开此文件附件可能带来的风险。

你的老师给你发送了一封电子邮件。

1. 打开并阅读电子邮件。写下它的内容。

2. 回复一封电子邮件。

3. 如果可以，请添加合适的附件。

4. 将电子邮件回复发送给你的老师。

自我评估

- 我知道如何在使用电子邮件时保持安全。
- 我回答了测试题1。
- 我完成了活动1。
- 我在课堂上打开并发送了一封电子邮件。
- 我回答了测试题1～测试题4。
- 我完成了活动1和活动2并发送了电子邮件。
- 我已将图像附加到电子邮件中，并在课堂上发送了该电子邮件。
- 我回答了所有的测试题。
- 我完成了所有活动。

重读本单元中你不确定的部分。再次尝试测试题和活动，这次你能做得更多吗？

计算思维：将输入转换为输出

你将学习：

- 如何规划一个程序；
- 如何用输入和输出编制程序；
- 如何使用运算符将输入转换为输出。

中文界面图

什么是程序？

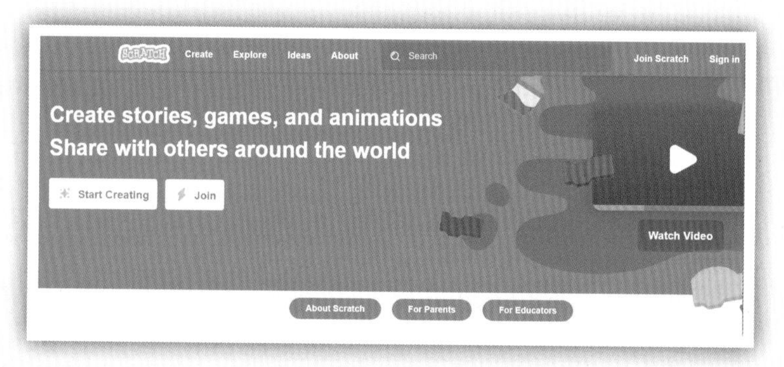

程序是一组命令。这些命令控制着计算机。

在本单元中，你将用Scratch编写一个程序。在Scratch中，命令是积木块。你把积木块拼在一起，这就是程序。

程序员和用户

编制程序的人叫做**程序员**。程序员选择命令，并将它们按顺序排列。

任何人都可以**运行**这个程序。运行程序意味着计算机执行程序中的命令。运行程序的人被称为**用户**。

程序员和用户可以是不同的人。在本单元中，你既是程序员也是用户。你将制作一个程序，然后使用这个程序。

谈一谈

你喜欢在有键盘和鼠标的计算机上使用软件吗？或者你更喜欢在带有触摸屏的手机或平板计算机上使用软件？哪个对孩子最好？说说为什么。

学习成果：描述一个将输入转换为输出的简单程序。

输入

每个程序都有**输入**。

- 一种输入方法是用键盘打字。
- 另一种输入方法是移动并单击鼠标。
- 在平板计算机上，你可以触摸屏幕。
- 一些电子游戏机具有其他类型的输入方式。

输入　输出　操作人员　计划
提示　处理　循环

输出

每个程序都有**输出**。输出是程序的输出。

- 视觉输出出现在屏幕上。
- 声音可以输出。

用户可以看到或听到程序输出。

课堂活动

你以前用过什么计算机软件？它可能是一个计算机游戏、文字处理软件或图形软件。想想你上一次使用那个软件的情形。把你在屏幕上看到的画出来。写下软件的输入和输出。

你知道吗？

Scratching是DJ（Disc Jockey，打碟师）把声音混合在一起制作音乐时所做的事情。编程语言Scratch就是以此命名的。Scratch程序员可以在程序中混合声音、图像和其他输出。

3.1 程序输出

本课中

你将学习：

➔ 如何用输出制作Scratch程序。

中文界面图

螺旋回顾

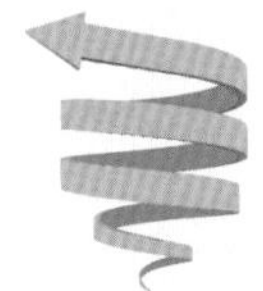

在第2册中，你做了一个Scratch程序。在本课中，你将制作一个新程序。如果你以前使用过Scratch，该任务将使你重温学过的知识。

Scratch

访问Scratch网站。单击“创建”，你可以打开创建自己程序的区域。

Scratch屏幕分为三部分：

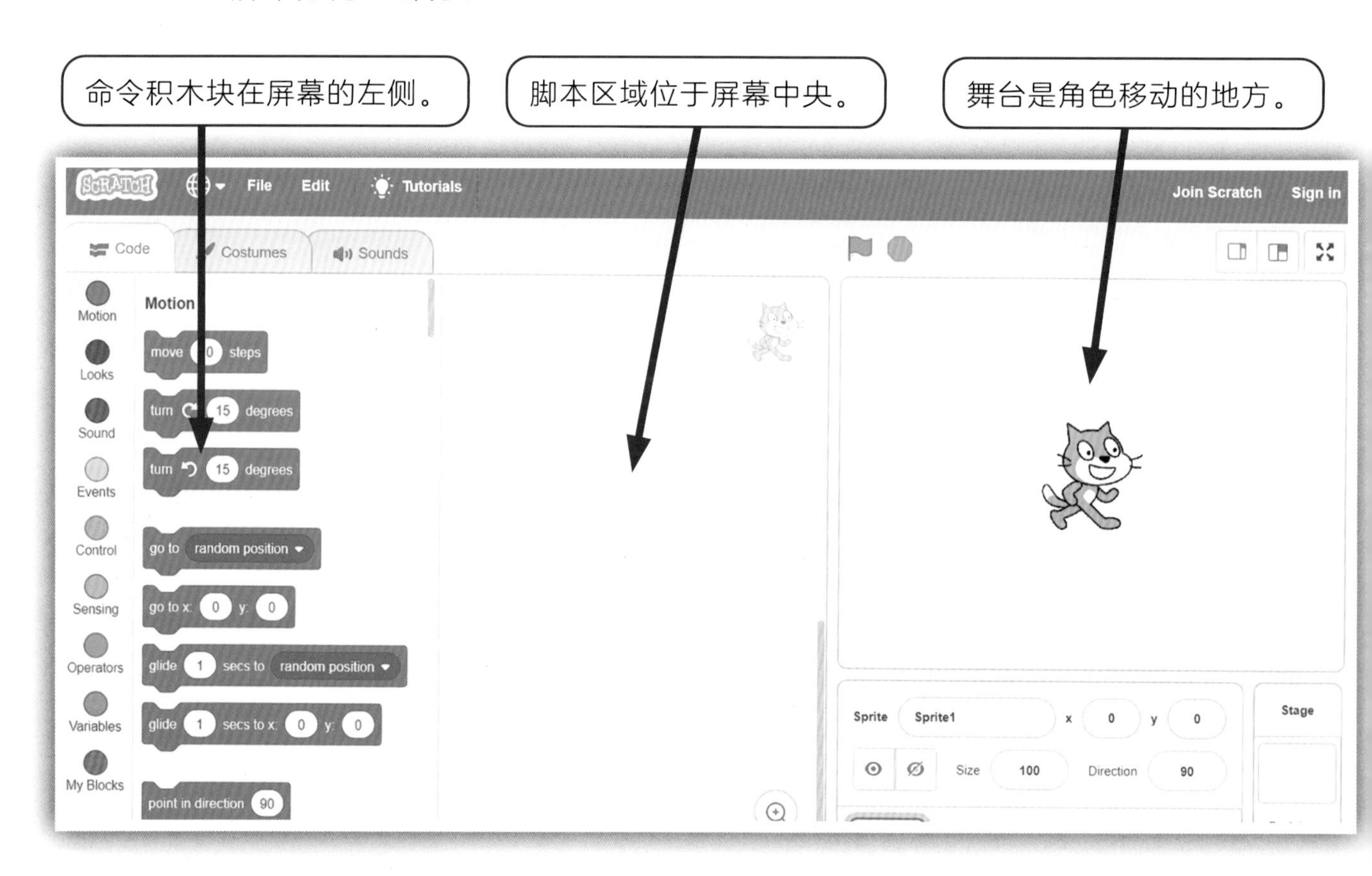

Looks（外观）积木块

你要用一个简单的输出做一个程序。角色会说“你好！”

创建视觉输出的命令称为looks（外观）。Looks积木块是紫色的。单击紫色大圆点查看Looks积木块。

你能看到一个能让角色说“Hello！”的积木块吗?这样的积木块有两个。

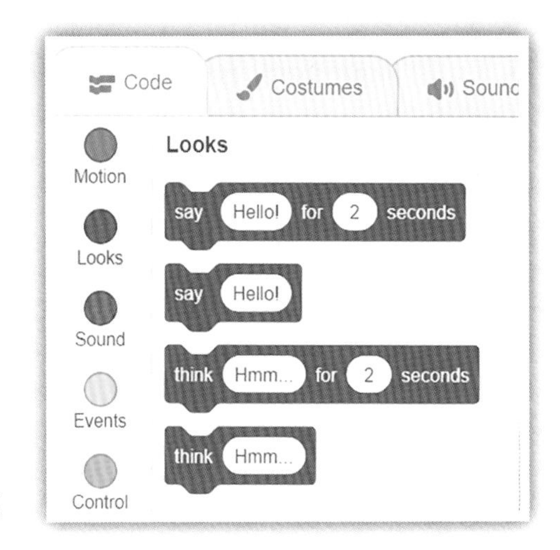

将一个积木块拖到脚本区域中。单击积木块，并查看发生了什么。

现在试试另一个积木块。有什么区别?

进行更改并保存

找到“Hello！”积木块。删除“Hello！”，然后键入任何你喜欢的话。

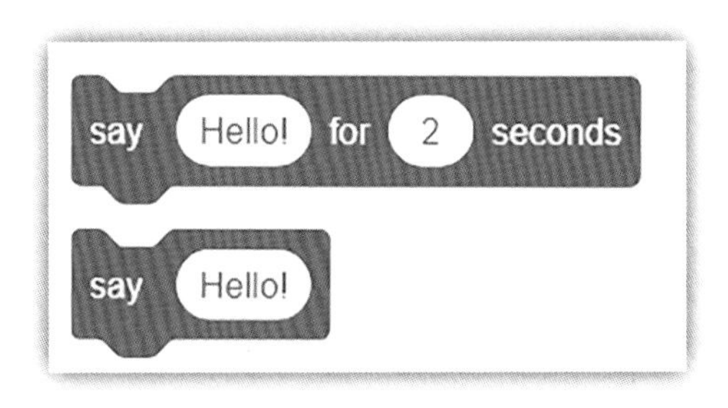

运行程序。角色会说出你键入的话。

保存程序意味着将程序复制到存储器中，这样你就可以在下次使用它。单击屏幕顶部的File（文件）。从File菜单中选择Save to your computer（保存到计算机）。

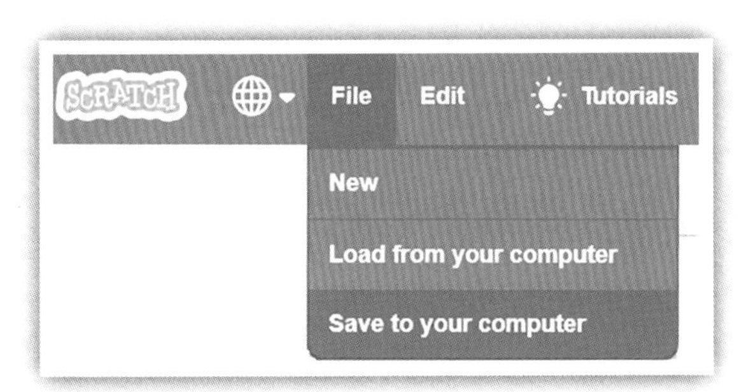

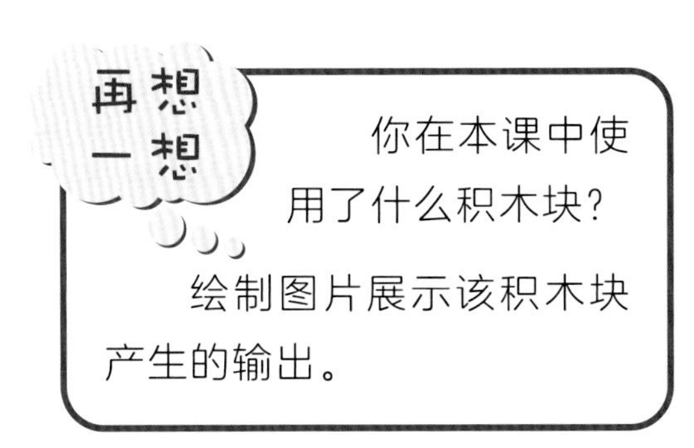

你在本课中使用了什么积木块?

绘制图片展示该积木块产生的输出。

创建一个只有单个积木块的Scratch程序来生成视觉输出。运行并保存程序。

额外挑战

粉红色的sound（声音）积木块允许你向程序添加声音输出。在程序中添加第二个积木块，以进行声音输出。运行并保存程序。

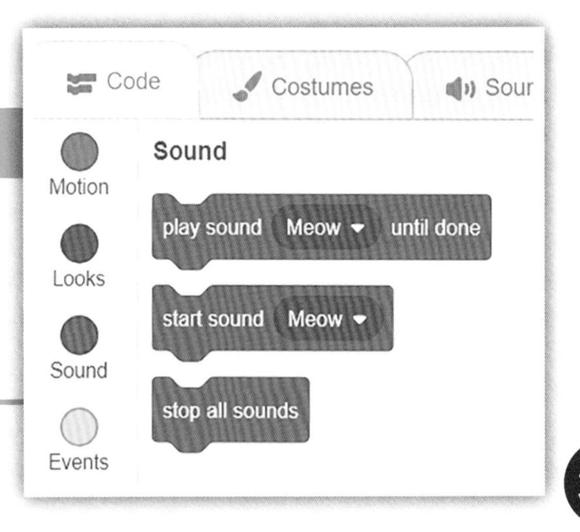

3.2 程序输入

本课中

你将学习：

➔ 如何使用输入和输出制作程序。

中文界面图

加载程序

在上一课中，你制作了一个带有输出的简单Scratch程序。现在你将加载（load）程序。加载是指从存储器中恢复程序。单击顶部栏上的File。从菜单中选择Load（加载）选项。

Sensing（侦测）积木块

你将更改程序，使其包含输入。

输入意味着信息或指令进入计算机。在Scratch中，输入命令是Sensing（侦测）积木块。它们是浅蓝色的。

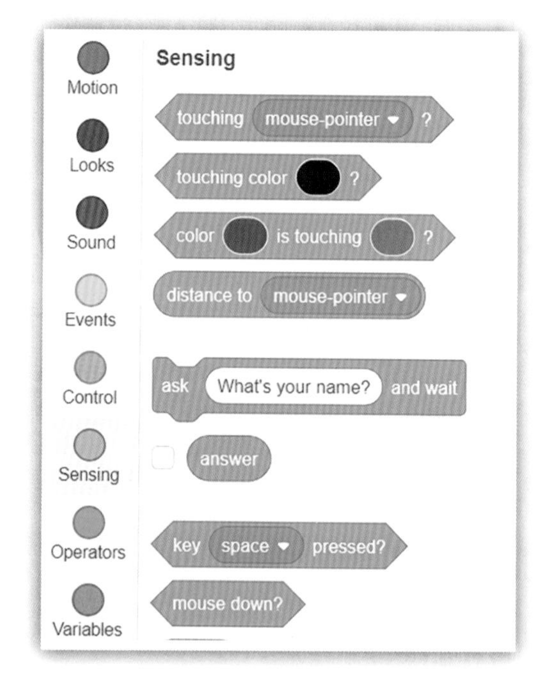

单击浅蓝色圆点查看Sensing积木块。

一个浅蓝色的积木块写着“ask ‘what’s your name?’ and wait”（问“你叫什么名字？”并等待）。将此积木块拖到脚本区域，并将其连接到另一个积木块。你现在有了一个带有两个命令的程序。

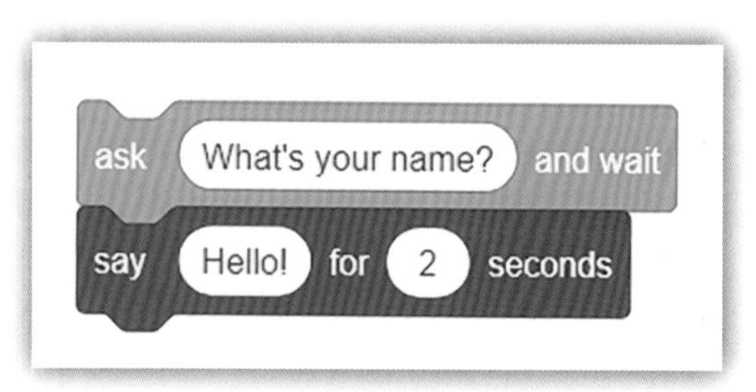

运行程序，看看会发生什么。

运行程序

当你运行程序时，角色会问你的名字。屏幕上有一个空格，你可以键入答案。你的答案就是程序的输入。

启动事件

要启动该程序，你必须单击积木块。但是还有其他方法可以启动程序。顶部弯曲的黄色积木块是“启动事件”。

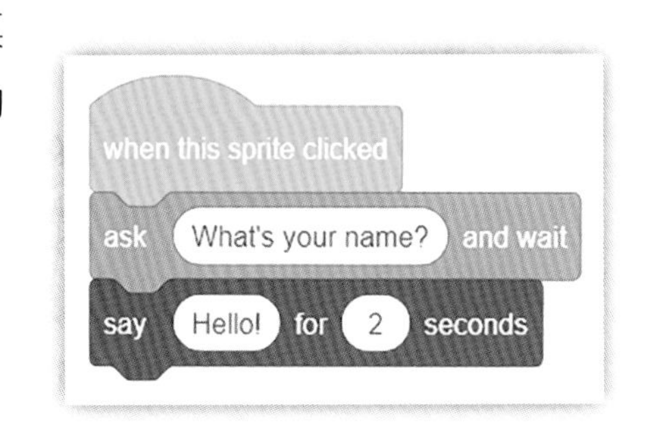

单击黄色圆点，查看黄色的Event（事件）积木块。

找到标有when this sprite clicked（当角色被单击）的积木块。将活动加入程序顶部。

单击角色，程序将运行。

活动

编写一个程序，让角色问你的名字。运行程序。保存文件。

额外挑战

你已经编写了一个程序，其中角色询问了你的姓名。现在将问题更改为“你几岁？”。

再想一想

鼠标和键盘都用于输入。

- 描述如何使用键盘进行输入。
- 描述如何使用鼠标进行输入。

3.3 将输入转换为输出

本课中

你将学习：

➔ 如何编写一个将输入变成输出的程序。

中文界面图

说出我的名字

加载并运行上一课制作的程序。

- 角色询问你的名字。
- 然后角色说：“Hello!（你好）！”

现在你要改变程序，角色不再说“Hello!”，而是说出你的名字。

回答积木块

当你运行程序时，你键入了一些输入。计算机保存你键入的输入。以后可以在程序中使用保存的输入。

查看浅蓝色的Sensing（侦测）积木块。找到写着answer（回答）的积木块。

将answer积木块拖到脚本区域。

把answer积木块放进say（说）积木块中，使其完全吻合。现在角色会回答你。

运行程序。你可以键入任何输入。

角色会用你键入的话回复你。

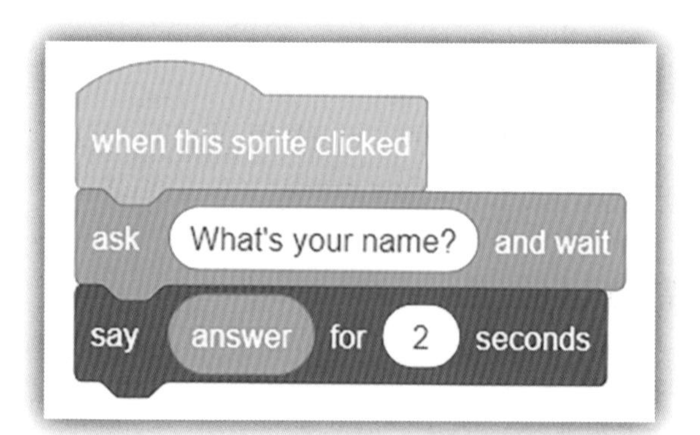

连接

角色会说出你的名字。现在你将更改

程序。角色会说两件事。它会说Hello，然后是你的名字。

为了将两个单词连接在一起，我们使用一个叫做join（连接）的特殊积木块。join积木块为绿色。单击绿色大圆点查看所有绿色积木块。找到写着join的积木块。

现在，它连接了apple（苹果）和banana（香蕉）两个词。

将此积木块拖到脚本区域。删除“apple”和“banana”（你不想让角色这么说）。在一个空格中键入Hello，把回答积木块放在另一个空格里。

运行程序。你能看出来它发生什么改变了吗？

提示：Hello和你的名字是这样“挤”在一起的吗？

HelloSam

在Hello后面加一个空格，输出看起来会更好。

活动

编写一个程序，询问你的名字，然后说出你的名字。改变程序，让它问你的名字，然后说“你好”和你的名字。保存文件。

额外挑战

用你选择的新角色和背景编写一个新程序。该程序会询问你最喜欢的计算机游戏，然后说“我喜欢玩”和游戏名称。

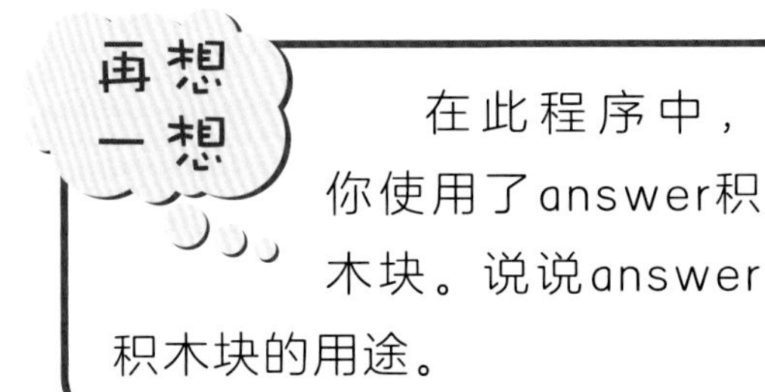

再想一想

在此程序中，你使用了answer积木块。说说answer积木块的用途。

3.4 简单数学运算

本课中

你将学习：

➔ 如何使用运算符进行数学运算。

中文界面图

运算符

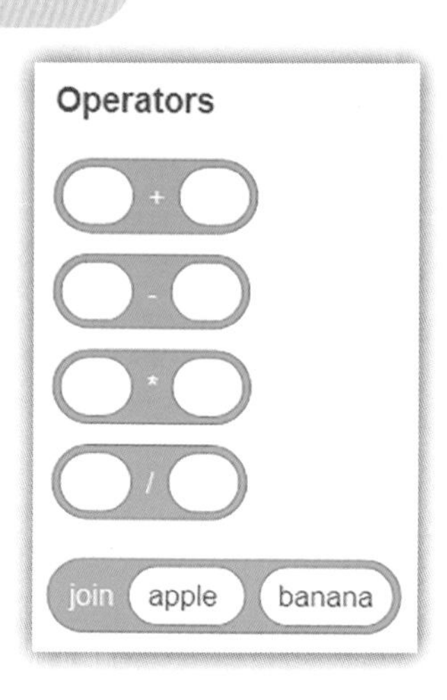

在上一课中你使用了两个新的积木块。

- **answer（回答）积木块**：这个积木块存储你的输入。
- **join（连接）积木块**：这个积木块将两个单词连接在一起。在上一课中，它连接了answer积木块和Hello。

join积木块是Operators（**运算符**）的一个实例。

运算符用于转换或更改值。

运算符将输入转换为输出。单击绿色圆点查看Operators（运算符）。

在本课中，你将使用一些新的运算符。你将会使用运算符进行数学运算。

一个新程序

从一个新的空白屏幕开始。选择所需的角色和背景。

选择合适的积木块。将它们组合在一起，创建右图所示的程序。

运行程序，看看它能做什么。程序尚未完成。

when this sprite clicked
say I can add 5 for 2 seconds
ask Give me a number and wait

现在进行数学运算

answer + 5

看看Operators（运算符）积木块。查找具有加法符号的运算符，将其拖到脚本区域。

加法积木块中有两个空格。在一个空格里放answer（回答）积木块，在另一个空格中键入数字5。

此运算符将数字5添加到你输入的值中。

要完成程序，请将加法积木块放入say（说）积木块中。将此积木块添加到程序中。现在角色会说出答案。

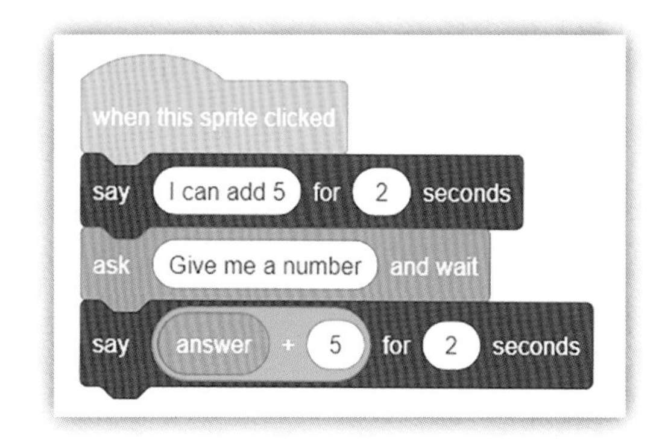

活动

编写一个要求输入数字的程序，然后告诉你该数加5是多少。

额外挑战

请看显示绿色运算符积木块的图片，有几种数学运算符可用。

编写计算一个数乘7的程序。

编写一个使用另一个数学运算符的程序。

探索更多

用各种各样的角色制作一个程序。让每个角色做不同的数学运算。

未来的数字公民

你在本单元所做的工作是让计算机进行数学运算。这是使用计算机的一种常见方法。许多成年人利用科学技术来解决数学问题。但是，培养在没有技术的情况下解决数学问题的技能也很重要，它可以帮助你理性地使用技术，出现错误时，可以发现错误。

3.5 计划与操作

本课中

你将学习：

➔ 如何设计一个将输入变为输出的程序。

中文界面图

制订计划

程序**计划**列出程序的主要命令。

程序员在编制程序之前应该先制订计划。

一个好的计划将有助于程序员：

- 在开始工作之前知道该做什么；
- 与他人分享计划；
- 明白遇到问题时该怎么办。

程序计划以正确的顺序显示程序命令。这些命令通常按以下顺序执行：

1. 获取输入。
2. 使用运算符处理输入。
3. 显示输出。

在本课中，你将制订程序计划。该程序将从用户那里得到提示。它会说出单词的长度。也就是说，它将说出单词中有多少个字母。

计划输入

你需要告诉用户输入什么。这样用户就会知道该如何输入。告诉用户该怎么做的消息称为**提示**。

因此，计划包括：

- **提示**：输入任何单词。
- **输入**：获取答案。

计划处理

现在，你需要计划如何进行数据**处理**。确定要使用的运算符。单击绿色圆点，以提醒你自己可以使用哪些运算符。

右图中的积木块具有完成此任务所需的运算符。

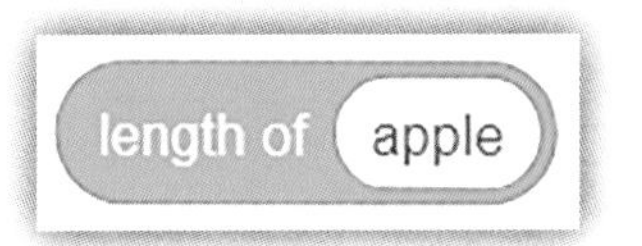

将此行添加到计划中：

- **处理**：找到答案的长度。

计划输出

程序的最后一部分将输出结果。

- **输出**：说出结果。

完整的计划

以下是完整的计划。

- **提示**：输入任何单词。
- **输入**：获取答案。
- **处理**：找到答案的长度。
- **输出**：说出结果。

活动

写出这节课的计划。这里是你编写程序需要的积木块。把这些积木块放在一起，编写成一个与计划相匹配的程序。

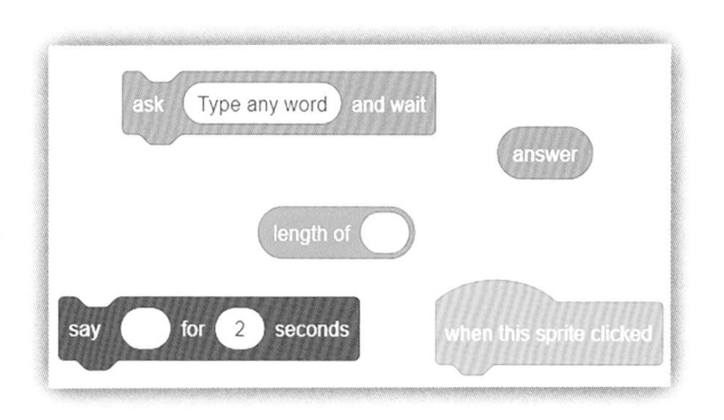

额外挑战

一名学生做了以上程序的较长版本。她运行了这个程序。右图是她看到的运行结果。

- 为生成此输出的程序编写计划。
- 编写一个程序，以获得此输出。

探索更多

制订一个程序计划，输入一个数字，输出的数是原数乘2。制订一个符合你要求的计划。

3.6 持续输入

本课中

你将学习：

➔ 如何编写具有多个输入的程序。

中文界面图

永久循环

在前面的课程中，你计划和制作的程序只执行一项任务。但是我们经常需要一个能多次执行任务的程序。这样的程序可能会更有用。

要重复执行程序，我们可以使用forever（永久）循环。forever循环如右图所示。

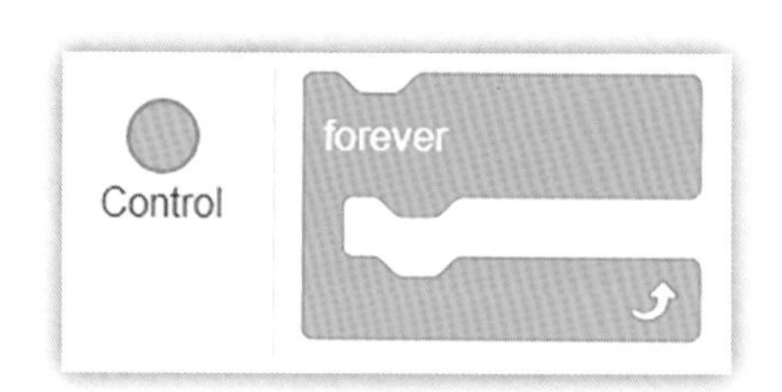

在forever循环内部的命令将被无限次地重复执行（至少在程序停止之前）。

计划你的循环

你必须计划哪些命令进入forever循环。

- **如果**命令只发生一次，请将积木块放在forever循环之前。
- **如果**命令重复，则将积木块放入forever循环中。

一位程序员想写一个程序，使任意数加倍并输出答案。他希望重复该程序。以下是计划中的操作。

处理： 答案乘2

输出： 输出答案乘2

输出： 说“我可以将任何数乘2”

提示： 说“键入一个数”

他将命令按正确的顺序排列，并展示哪些命令进入循环。

输出： 说“我可以将任何数乘2”

循环：
提示： 说“键入一个数”
处理： 答案乘2
输出： 输出答案乘2

编写程序

这里是你编写程序需要的积木块。把它们放在一起以实现计划。

停止循环

forever循环不会真正永远持续下去。你可以通过单击舞台顶部的红色停止标志来停止程序。

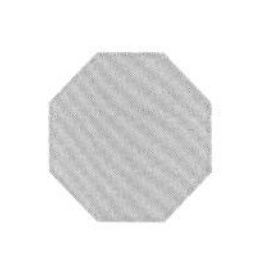

活动

计划一个forever循环的程序。它输入数字，然后输出数字乘以2的结果。

编写一个符合你计划的程序。

额外挑战

为一个forever循环的新程序制订一个计划。用户输入一系列数字。每次程序输出数字乘10的结果，然后输出数字乘11的结果。

编写一个符合计划的程序。

探索更多

什么是运算符？

选择一个处理数的运算符，画出积木块，说出它的作用。

选择一个处理单词和字母的运算符，画出积木块，说出它的作用。

如果你有时间，做一个运算符目录，解释你所知道的所有运算符。

测一测

你已经学习了：

- ➔ 如何规划一个程序；
- ➔ 如何用输入和输出编写程序；
- ➔ 如何使用运算符将输入转换为输出。

中文界面图

测试

一名学生写了一个程序。当她运行程序时，首先看到如下图所示的提示。

这名学生输入数字10。这就是她接下来看到的。

1. 用你自己的话，说说这个程序是做什么的。
2. 程序中使用了什么运算符？
3. 程序的输入和输出是什么？
4. 为这个程序写一个计划。
5. 使用forever（永久）循环为程序编写新计划。

现在编写一个执行相同操作的程序。这是你将需要的积木块。

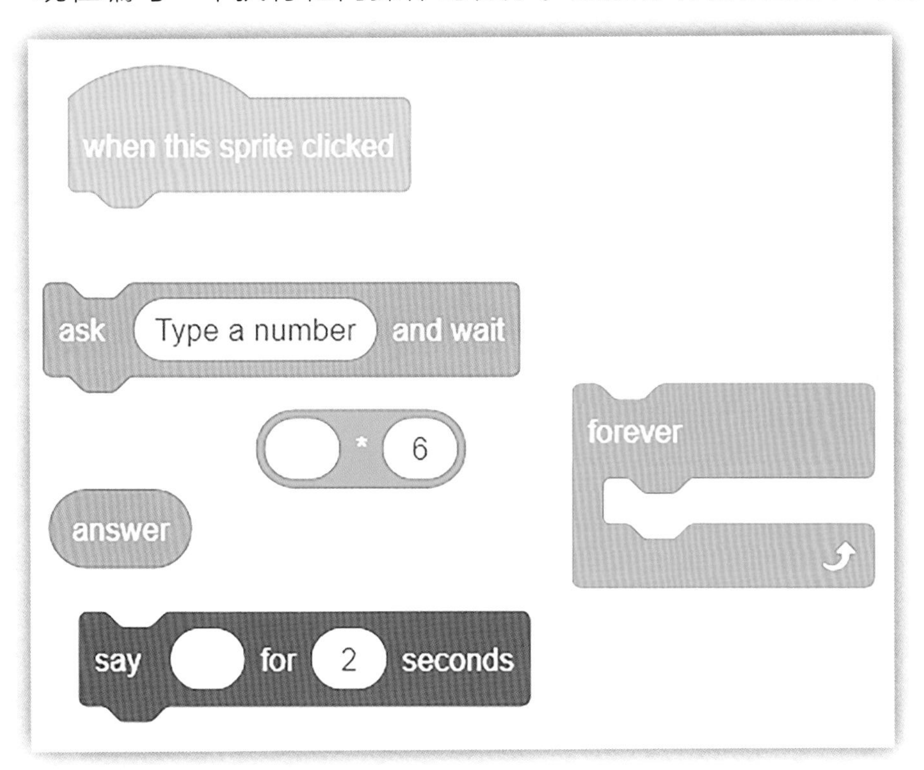

自我评估

- 我回答了测试题1和测试题2。
- 我开始编写程序。
- 我回答了测试题1～测试题4。
- 为了进行这项活动，我编写了一个程序来实现我的计划。
- 我回答了所有测试题。
- 我完成了活动。我制作了一个带有“永久”循环的程序。

重读本单元中你不确定的部分。再次尝试测试题和活动，这次你能做得更多吗？

编程：画图的虫子

你将学习：

- 在程序中设置值，以产生所需的输出；
- 使用用户输入的变量值编写程序；
- 改变程序中的值，以产生不同的输出；
- 查找并修复代码中的错误。

在本单元中，你将了解有关Scratch编程语言的更多信息。你将使用Scratch生成彩色图案和形状。图案的样式和大小将由你选择的数值设置。

有两种方法可以在程序中设置数值：

- 数值可以作为程序的一部分。它不会改变，每次程序运行时都是一样的。
- 用户可以输入数值。它可以改变。每次程序运行时，用户都可以键入不同的值。

你将看到这两种类型的数值，并将在你的程序中使用它们。

学习成果：创建一个程序，根据不同的用户输入产生不同的输出；发现并纠正程序中的错误，使其按你所希望的方式工作。

课堂活动

你将用计算机编写一个程序，在屏幕上画出整齐的彩色星星。看看你能不能用彩色铅笔和尺子画出这些形状。如果你画得不像计算机那么整洁，别担心。

固定值
变量值　清除
需求　错误

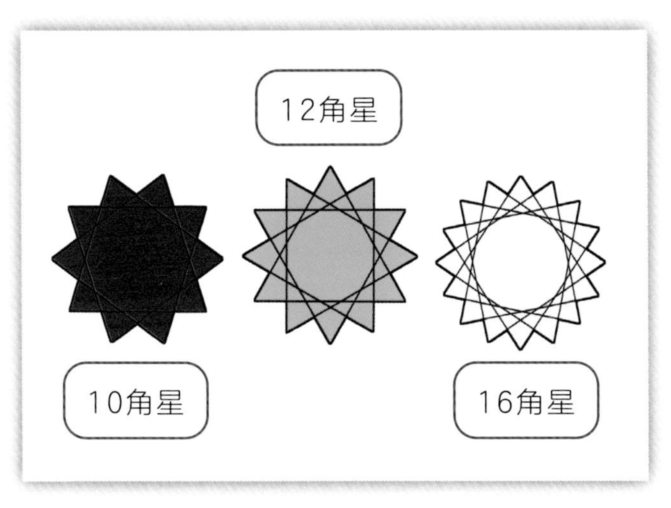

你知道吗？

Scratch语言的口号是“想象、编程、分享”。制作程序的人可以在Scratch网站上分享。你可以使用别人制作的程序。你可以查看他们使用的模块并进行更改，以尝试实现自己的想法。

谈一谈

在本单元中，你将使用计算机程序作图。计算机是一些人用来制作艺术品的工具。这是一种可以接受的艺术创作方式吗？计算机如何帮助人们成为更好的艺术家？还是说这是作弊？你怎么认为？

未来的数字公民

在本单元中，你将找到并修复程序中的错误。学习任何技能都意味着学习如何发现和纠正错误。每当你在工作中发现错误时，记住发现和纠正错误是一项关键技能。这是学习成功的标志。

4.1 用笔画图

本课中

你将学习：

➔ 如何让Scratch角色用笔画图。

中文界面图

螺旋回顾

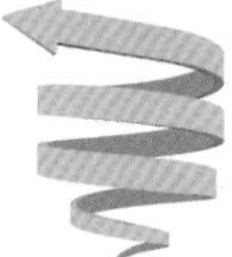

在第2册中，你编写了一个控制屏幕上角色的Scratch程序。上一单元，你学习了使用运算符处理输入。在本单元中，你将编写一个Scratch程序，用你的输入控制角色的移动。

画图的虫子

本单元使用甲虫作为角色。该图片在Scratch网站上称为Ladybug 1（瓢虫1）。但是你可以使用任何你喜欢的角色，也可以根据需要选择新的背景。

Pen（画笔）积木块

打开Scratch网站，准备开始一个新的程序。

在这个程序中，你将使用一些以前没有使用过的新积木块。看左边彩色大圆点所在的一列。在底部，你将看到一个带有标签Add Extension（添加扩展）的符号。

单击“添加扩展”符号，将打开一个新界面。该界面显示了你可以使用Scratch完成的许多有趣的事情，例如音乐和视频。

单击显示Pen（画笔）的积木块。

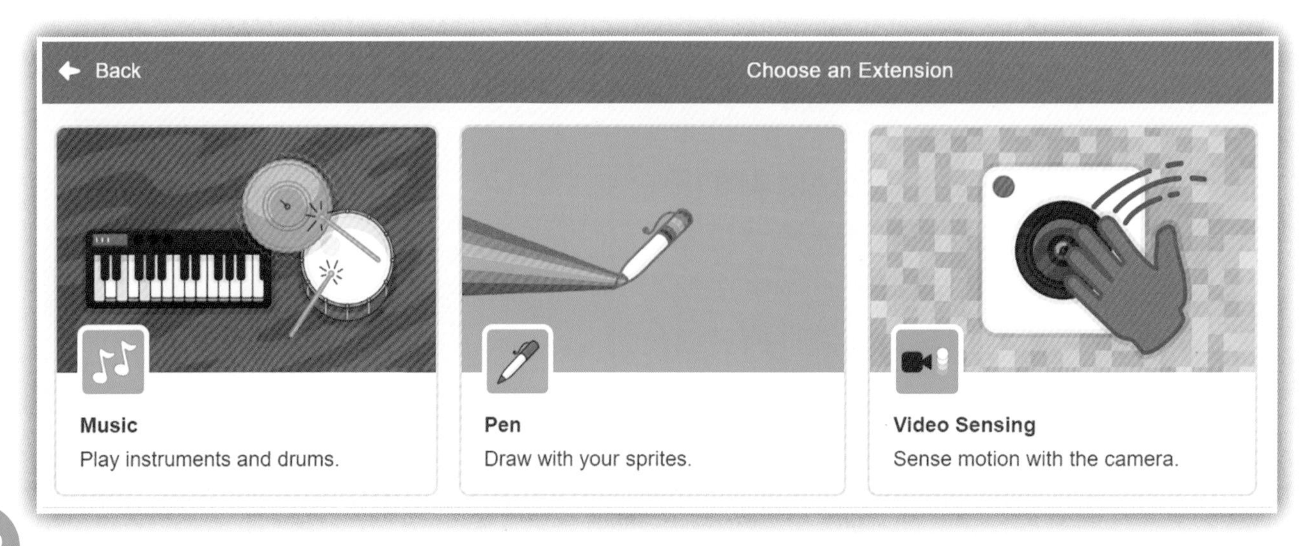

一个简单的程序

单击Pen（画笔）后，你将返回Scratch屏幕。但Scratch界面已经改变了。在积木块大圆点的底部，你会看到一张画笔的图片。你已将此功能添加到Scratch中。

单击Pen符号，你将看到一组蓝绿色的画笔积木块。这些是使画笔工作的积木块。

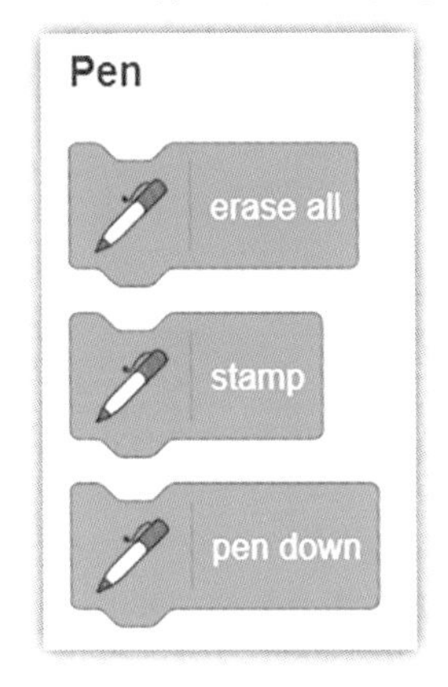

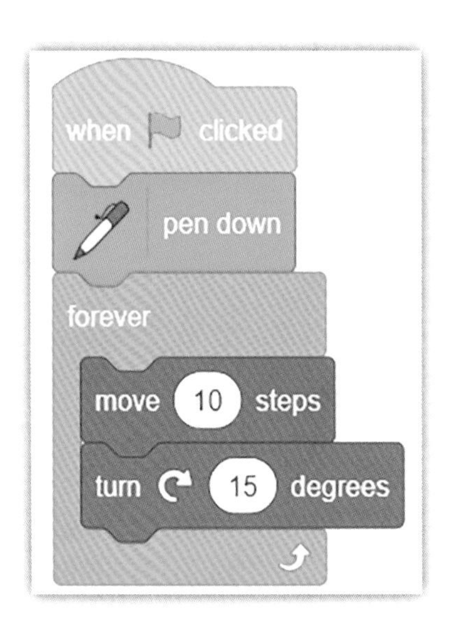

你看见写着pen down（落笔）的积木块了吗？你将在本课中使用它。

将pen down积木块拖到脚本区域。将它与其他积木块结合起来，制作一个右图所示的程序。

运行程序，看看会发生什么。角色画的是什么？

活动

编写本课中介绍的程序。运行并保存程序。

额外挑战

该程序有两个积木块，你可以在其中添加数字。尝试更改这些数字。再次运行该程序。探索如果你使用一系列不同的数字值会发生什么。

探索更多

这个程序包括一个写着turn 15 degrees（右转15度）的积木块。什么是度？了解更多相关信息。

4.2 做出改变

本课中

你将学习：

➔ 如何通过改变数值来改变程序。

中文界面图

设置程序开始值

上一课你做了一个简单的程序：角色用画笔画画。现在你对程序进行更改。从保存程序的地方加载程序。

首先，你将在程序开始时设置值。找到如下积木块，并将它们添加到程序中：

- erase all（**全部擦除**）：**擦除**表示消除。这个积木块将消除屏幕上的旧画。
- set pen size to 5（**将笔的粗细设为5**）：此积木块将使笔线变宽。

现在添加一个运动积木块：

- “go to x：0 y：0”：此积木块将角色移动到屏幕中间。

右图是显示这些变化的程序。

运行程序看看它能做什么。

```
when [flag] clicked
go to x: 0 y: 0
erase all
pen down
set pen size to 5
forever
    move 10 steps
    turn ↻ 15 degrees
```

循环内的命令

现在你将更改循环中的命令，以便虫子绘制一个不同的、更丰富多彩的形状。

下面的积木块会改变画笔的颜色。

将change pen color（将笔的颜色增加10）积木块放入forever（永久）循环中。画笔的颜色将一直改变。你会看到彩虹线。

“永久”循环中有两个运动积木块。更改积木块内的值。

- 将steps（步数）更改为100。
- 将degrees（度数）更改为150。

这是完整的程序。

运行程序来看看角色画的是什么形状。

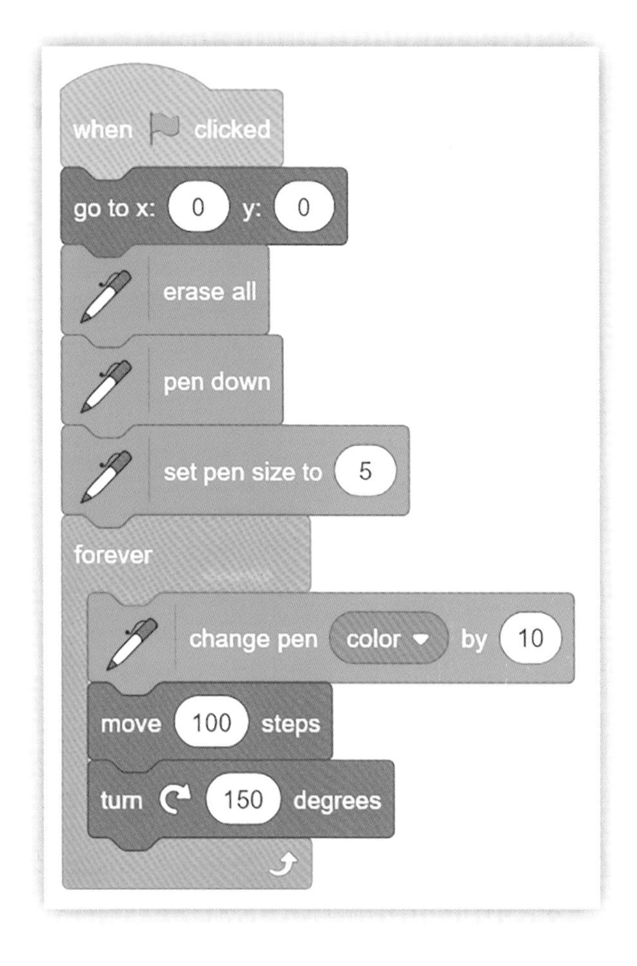

活动

编写本课所示的程序。运行并保存程序。

再想一想

写下你使用过的所有带有可更改数字的积木块。说出每个积木块的作用。

额外挑战

对你制作的程序进行更改：

- 将“永久”循环替换为“重复10”循环。
- 更改所有积木块中的数字，然后看看会发生什么。

4.3 有多少步骤

本课中

你将学习:

➔ 如何使用输入来改变程序的功能。

中文界面图

固定值

加载上次制作的程序。程序有一个“永久”循环。在循环中有以下命令:

- move 100 steps（移动100步）;
- turn 150 degrees（右转150度）。

你在上一课中设置了这些值。运行程序时，角色会绘制一个小彩虹星。每次运行程序时，它都会画同一颗星。

程序是一组存储的命令。每次运行程序时，存储的命令将以相同的顺序执行相同的任务。我们说值是**固定的**。数字不变。

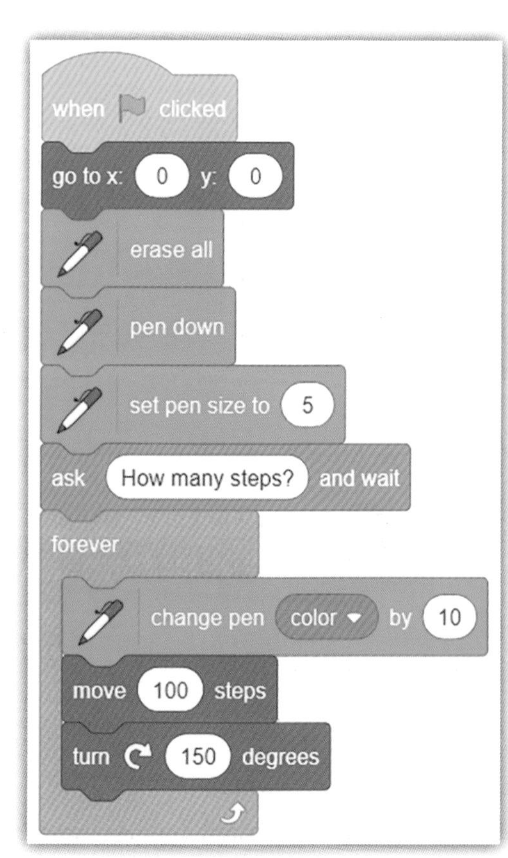

变量值

要更改程序值，可以获取用户的输入。新的值将使程序做不同的事情。本课中，你将更改步数。

- 如果步数大，星星就会大。
- 如果步数小，星星就会小。

步数是一个**变量**值。数字可以更改。

获取输入

你还记得ask（问）积木块吗？它是浅蓝色的“侦测”积木块之一。

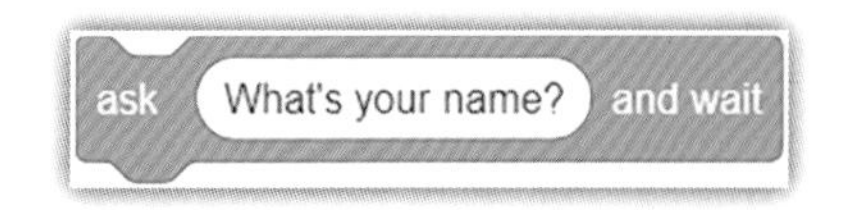

将ask积木块拖到脚本区域。更改积木块中的单词，使其显示为How many steps? （多少步？）

在循环开始之前，你将获得一次输入。因此把ask（问）积木块放到程序中，就在“永久”循环的上面。

你得把这些积木块拆开，装上新的积木块，然后再把所有积木块重新连接起来。

请记住，answer（回答）积木块表示用户的输入。找到answer积木块并将其连接到程序中。它进入move...steps（移动…步）积木块中。

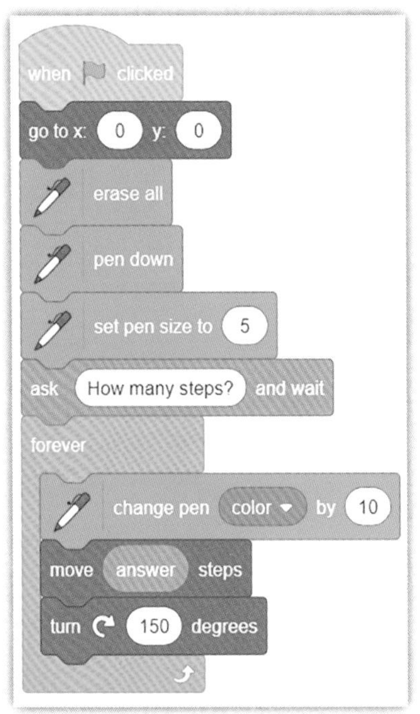

结果！

当你运行程序时，角色会问“How many steps? ”（多少步？）一个小数字会生成一颗小星星，一个大数字会生成一颗大星星。

一个学生给了数字300，星星看起来有如下图这么大。

活动

编写本课所示的程序。运行程序以查看输入不同数字的结果。保存程序。

额外挑战

在这个程序中，画笔的大小设置为5。对程序进行更改，使得：

- 角色问：“What pen size?”（画笔的大小是多少？）
- 这个问题的答案显示在pen size（画笔大小）积木块中。

探索更多

因为Scratch在一个网站上，所以你可以在任何有互联网连接的计算机上使用它。在家里，你可以打开Scratch，编制star程序。为什么不向家人或朋友挑战，看看他们是否也能编写这个程序呢？也许你可以帮他们解决棘手的问题。

4.4 有多少度

本课中

中文界面图

你将学习：

- ➔ 度数是什么，它们是如何改变运动的；
- ➔ 改变度数如何改变程序。

度

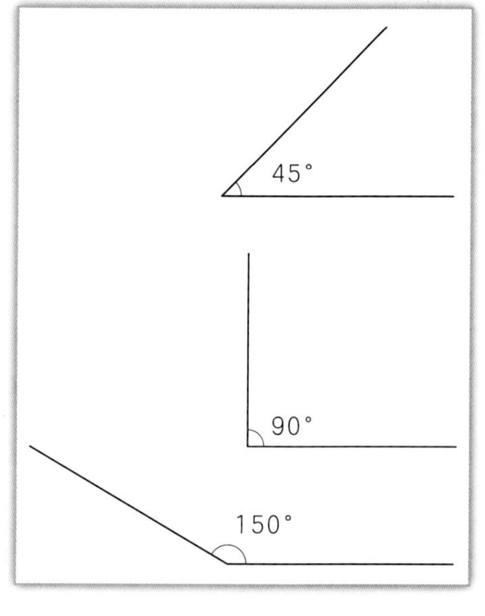

角是两条直线相交形成的图形。度数（degree）用来表示**角度**的大小。度数衡量某物体向左或向右转动角度的大小。

90度被称为直角。直角是90度的角。你有时会这样写90度角：

90°

度数显示在turn...degrees（转…度）积木块内。更改度数将改变角色绘制的形状。

下面积木块使角色旋转145度。

更改程序

加载上一课制作的程序。现在你将更改程序，以便用户输入度数。

以下是你必须进行的更改：

- 将问题“How many steps?”（多少步？）改为“How many degrees?”（多少度？）；
- 将answer（回答）积木块移出move...steps（移动…步）积木块。“移动...步”积木块中的数字可以改回到100步。
- 将answer积木块移到turn...degrees（转…度）积木块中。

找到改变画笔颜色的积木块。在此积木块中输入数字1。当角色绘制形状时，会产生丰富多彩的效果。

编写一个程序，问“How many degrees?”（多少度？）并在turn（转）积木块中使用回答。

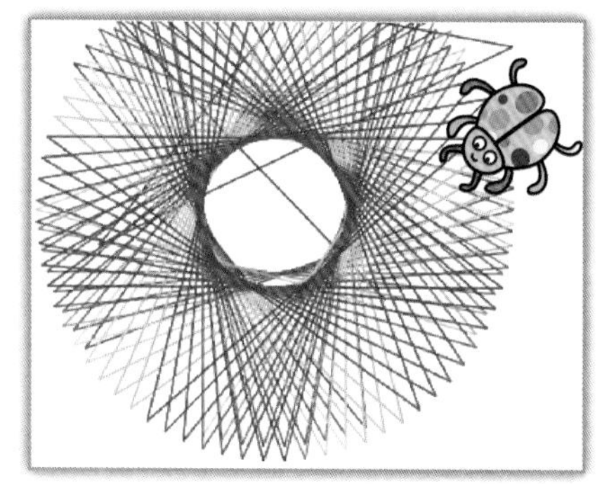

你可以对程序积木块中的数字进行其他更改。

右图中图形使用以下值制作：

- 画笔大小为1；
- 将画笔颜色更改为1；
- 移动300步。

用户用数字145回答问题“How many degrees？”。

尝试这些值以及你需要的其他值。

额外挑战

该积木块将产生一个随机数。将积木块的第二个值设置为100。

将此积木块放到move...steps（移动...步）积木块中。

这将使角色绘制一个有趣的随机图案。

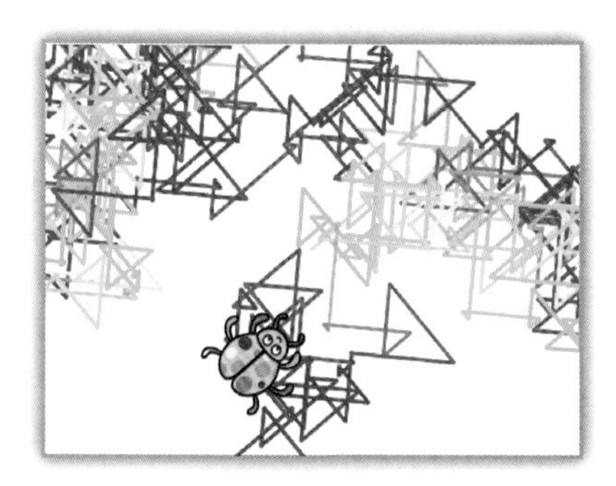

如果将度数随机化会怎样？

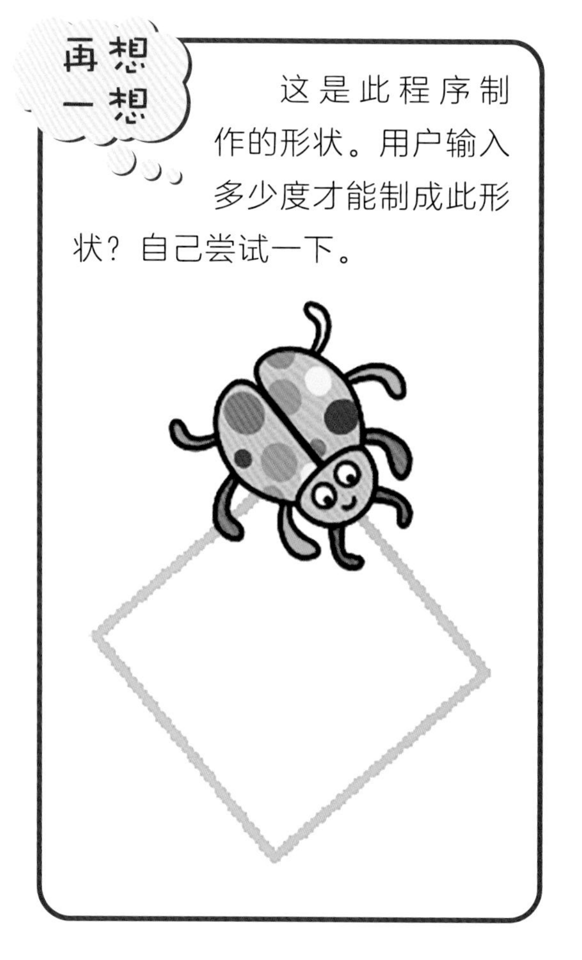

这是此程序制作的形状。用户输入多少度才能制成此形状？自己尝试一下。

4.5 发现并纠正错误

本课中

你将学习：

➔ 如何识别程序中的错误；

➔ 如何修复错误，以便程序正常运行。

中文界面图

错误

程序中可能有**错误**。错误就是过失。例如，一个程序可能有错误的命令，或者命令的顺序不对。

如果程序有错误，它可能无法运行，或者可以运行但会出错。

丢失的积木块

程序中的每个命令积木块都很重要。如果缺少命令积木块，程序将无法正常工作。

这是一个有错误的程序。你能看到哪个积木块不见了吗？

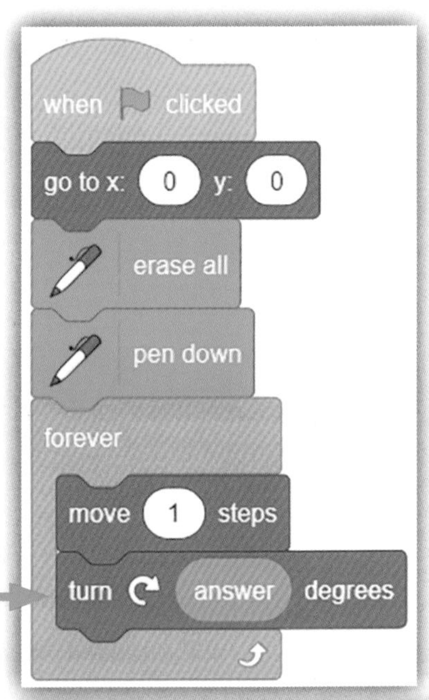

丢失ask（问）积木块。这个积木块是问“How many degress?”（多少度？），没有这个积木块，计算机就没有输入值。

写程序时保留这个错误。运行程序，会发生什么？你能修改这个程序来消除错误吗？

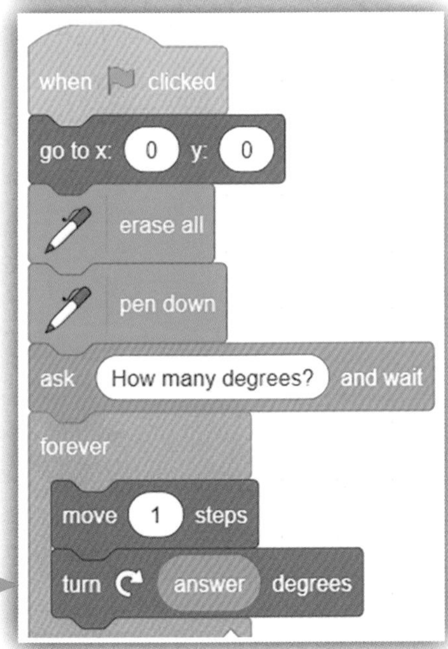

固定值

许多命令积木块中都有固定值。

如果值错误，程序将无法正常工作。

此程序中的一个积木块的值有错误。你能看出是哪一个吗？

move（移动）积木块使角色移动一步。这意味着它画的形状太小了。你能想象出一个较大的数字吗？试试看。

循环错误

循环中的命令重复多次。循环之前的命令只发生一次。有些积木块属于循环内部，有些属于循环外部。

这是一个有错误的程序。你能看出错误是什么吗？

ask（问）积木块在循环内。这意味着程序将一遍又一遍地询问度数。那不是程序应该做的！

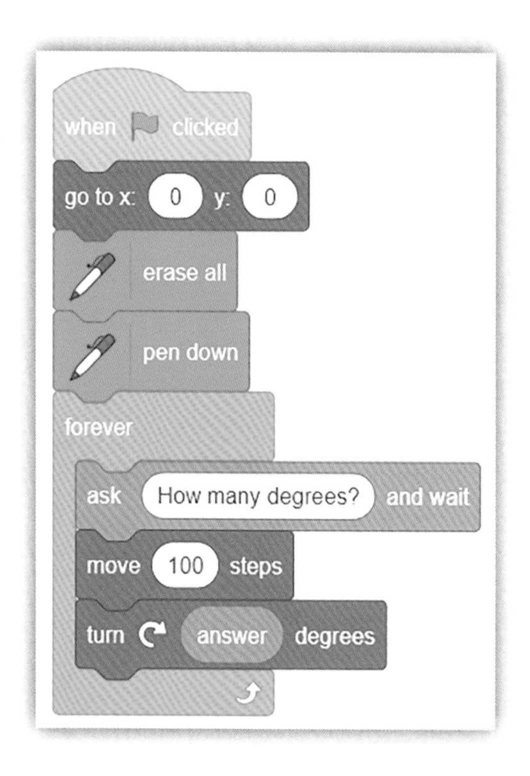

活动

写一个有错误的程序。找一个小伙伴配对合作。看看小伙伴的作品。查找并修正对方程序中的错误。

额外挑战

有六条边的图形叫作六边形。要画一个正六边形，角色需要转动60°。写一个程序，让角色画一个六边形。消除程序中的所有错误。

在你的活动中，你看到了一个有错误的程序。写下那个程序中的命令。写一个便条，说明错误是什么，以及如何修正它。

4.6 错误挑战

本课中

你将学习：

➔ 如何仔细搜索错误。

中文界面图

查找错误

编写一个程序时，你首先要考虑你希望看到的输出。这是**程序需求**。

一个程序员被要求做一个程序。这就是需求。

在屏幕上用“永久”循环画出一条无限的彩虹线。

这是他们制作的程序。程序有错误。

你将学习查找和修正错误的不同方法。

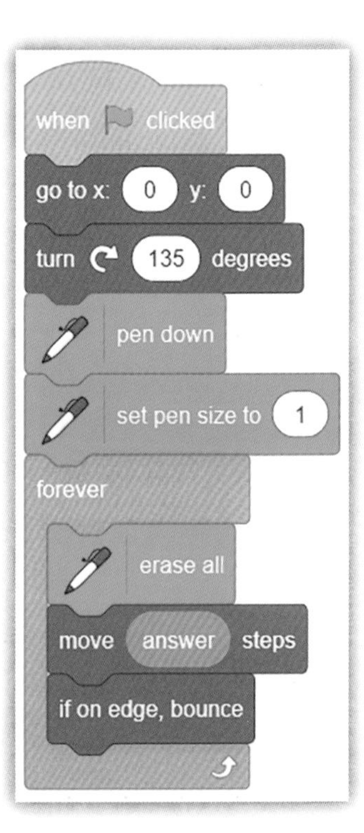

查找

查找错误的一种方法就是查看程序。你可能马上就发现有问题。

在此程序中，erase all（全部清除）积木块位于“永久”循环内。记住，循环中的命令是重复的。每次循环，屏幕上的所有内容都会被删除。那是一个错误。

要修正错误：

- 将erase all（全部擦除）积木块移到程序的开头。

运行并检查

另一种查找错误的方法是运行程序。程序员运行程序，发现角色没有移动。当你运行一个程序时，你所看到的就是错误的线索。

在这个例子中，move（移动）积木块有问题。move积木块使用了answer（回答）积木块。但是没有输入问题，所以answer积木块没有值。

要修复错误：

- 做一个积木块，问“How many steps?”（有多少步？）把这个积木块放进程序里——你决定放在哪里。

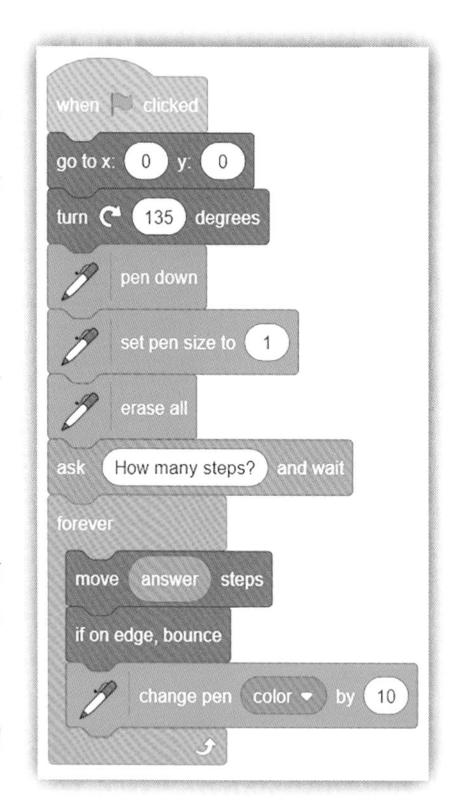

对比输出与需求

如果已修正这两个错误，则程序将能运行。但还有一个错误需要修正。请再次阅读下面的需求。

*在屏幕上用“永久”循环画出一条无限的**彩虹**线。*

将此需求与你看到的输出进行比较。显然需求与输出是不一样的。要修正此错误，必须在“永久”循环中放置一个积木块，以更改颜色。

现在，当你运行程序时，应该会看到如下图所示的输出。

图形的样式将根据你键入的步（step）数而变化。

活动

编写本课中所示的程序，并修正所有错误。

再想一想

在本课中，你学习了三种查找程序错误的方法。画一张海报来提醒程序员发现错误的三种方法。

额外挑战

此积木块将生成一个随机数。积木块中第一个值设置为0，第二个值设置为180。这意味着此积木块将产生一个从0到180的随机值。

用这个积木块代替度数。将画笔大小更改为3。运行程序，看看你能做出什么不同的样式。

测一测

你已经学习了：

- 在程序中设置值，以产生所需的输出；
- 使用用户输入的变量值编写程序；
- 改变程序中的值，以产生不同的输出；
- 查找并修正代码中的错误。

中文界面图

测试

下面是一个程序需求。

编写一个在屏幕上画正方形的程序。

右图是一个能满足这个需求的程序。

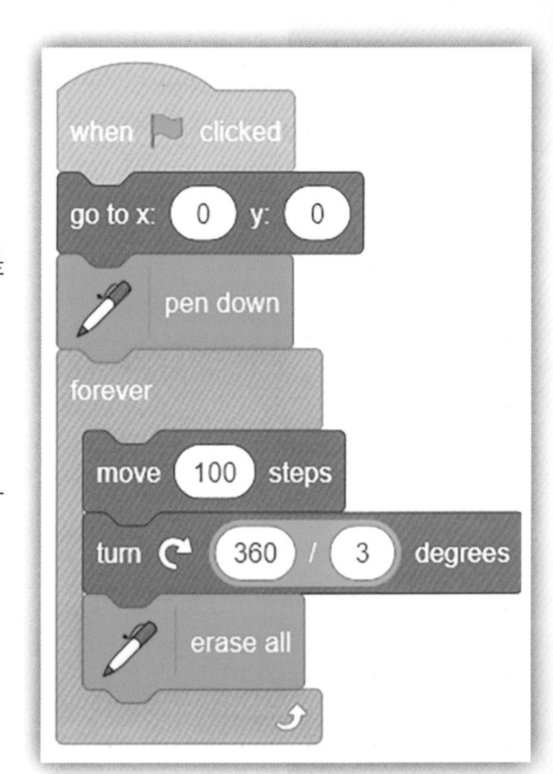

❶ 找出这个程序中的一个错误，并说明它是什么。

❷ 查找并修正程序中的所有错误。

❸ 想想你在程序中发现并修正错误的时候。错误可能在这本书中的任何作品中，也可能在你制作的任何其他程序中。

a. 描述通过查看积木块发现的错误。

b. 描述运行程序时发现的错误。

c. 描述通过比较输出和需求发现的错误。

1. 找到你编写的带有错误的测试程序，把程序中的错误去掉，正确程序应该在屏幕上画一个正方形。

2. 要做一个四边形，你要把360除以4。更改程序，使其将360除以用户输入的数。运行程序，看看输出是什么。

自我评估

- 我回答了测试题1。
- 我开始活动1，通过将积木块放在一起编写程序。
- 我回答了测试题1和测试题2。
- 我完成了活动1。我编写了一个有用的程序。
- 我回答了所有的测试题。
- 我完成了这两项活动。

重读本单元中你不确定的部分。再次尝试测试题和活动，这次你能做得更多吗?

多媒体：故事乐园

你将学习：

- 如何使用软件制作带有文本和图像的幻灯片；
- 如何改进带文本和图像的幻灯片的放映方式；
- 如何修改幻灯片放映文件；
- 如何在幻灯片中添加动画。

在本单元中，你将以**幻灯片形式**写一个数字故事。

幻灯片是一种与他人分享一系列想法、文本和图像的方式。

你可以使用演示程序制作**幻灯片**。幻灯片是幻灯片放映文件中的一页。你可以在幻灯片中使用文字和图像。

学习成果：使用软件改进包含文本和图像的文档的外观。

课堂活动

许多故事都有开头、中间和结尾。

写下故事的多种开头。

幻灯片
幻灯片放映　动画
输入　图像　文本框
主题

你知道吗?

人们用图片讲故事已有数千年的历史了。

创造力

画一幅图画作为你最喜欢的故事的一部分。扫描或拍摄图片，以便在计算机上将其打开。

谈一谈

你最喜欢的故事是什么？与同学分享故事。

5.1 讲故事

本课中

你将学习：

➔ 如何编写一个故事。

螺旋回顾

你已经知道如何用图片制作文档，也已经学习了如何将工作另存为文件，以及如何打开已保存的文件。对于不同类型的计算机软件，某些打开和保存文件的方法是相同的。你可以使用类似的方法在电子表格和文字处理软件中打开和保存文件。在本单元中，你将使用演示软件打开并保存一个文件。你将编写一个故事，并在故事中插入图片。

使用能感动人的词语

孩子们正在看一块漂亮的石头。他们正在把石头转着圈子传递。每人用一个词来形容这块石头。

孩子们用能感动人的词语来描述这块石头。你可以在你的故事里用这样的词。

情节

情节就是故事中发生的事情。你最喜欢的故事情节是什么？

在本课上，你要为自己的故事编一个情节。

活动

在一张纸上画一幅画。

想一个角色。它可以是男孩、女孩、动物、机器、植物或者任何你喜欢的东西。画出你的角色。

想一个场景。你的故事发生在哪里？是现在、很久以前还是未来？它是在城市里、山上还是沙漠里？绘制场景。

为你的角色想一个问题。也许一个孩子丢失了一些重要的东西，也许一个老人很孤独。画出这个问题。

想办法解决这个问题。也许这个孩子的哥哥帮他找到了丢失的东西，也许老人找到了朋友。画出解决方案。

额外挑战

把你的故事做成故事板。在普通的纸上画框。在每个框中画出你故事中将发生的下一件事情。

写下你故事的标题和第一句话。

5.2 写故事

本课中

你将学习：

➔ 如何使用软件制作带文本的幻灯片。

中文界面图

数字故事

数字故事使用图像、文字或者声音来讲述一个故事。

这个故事可以是关于你喜欢的任何东西。

在本课中，你将使用上一课中编造的情节开始一个数字故事。

打开新幻灯片或演示文稿时，你将看到标题幻灯片。

这是导航面板。你可以看到所有幻灯片。可以移动幻灯片。

1

在沙滩上玩耍

作者 安妮塔

在沙滩上玩耍

作者 安妮塔

你在写故事。你是这个故事的作者。在此处键入你的姓名。

在此处键入故事标题。标题是故事的名字。

添加幻灯片

1. 单击“开始”。

2. 单击“新建幻灯片”。

3. 选择这种类型的幻灯片。

在新幻灯片中键入故事的第一句话。

活动

开始新的幻灯片放映。

为你的数字故事制作标题幻灯片。

制作数字故事的第一张幻灯片。

保存幻灯片放映。

探索更多

把你编的故事告诉家里的成年人。如果你愿意，可以征求他们的意见来修改这个故事。如果你同意他们的想法，记下来。

额外挑战

更改标题幻灯片的字体大小、样式或颜色。单击并将鼠标在要更改的文字上拖动。使文字突出显示。

5.3 添加图像

本课中

你将学习：

➔ 如何将图像添加到幻灯片中；

➔ 如何在幻灯片中添加文本框。

添加图像和文本

你可以让你的数字故事更有趣。你可以添加**图像**，也可以添加文本。

你可以**导入**已保存在计算机中的图像。

图像可以是：

- 在另一个程序中绘制的图形；
- 你保存的照片；
- 一张免费的网络图片。

如何添加图像

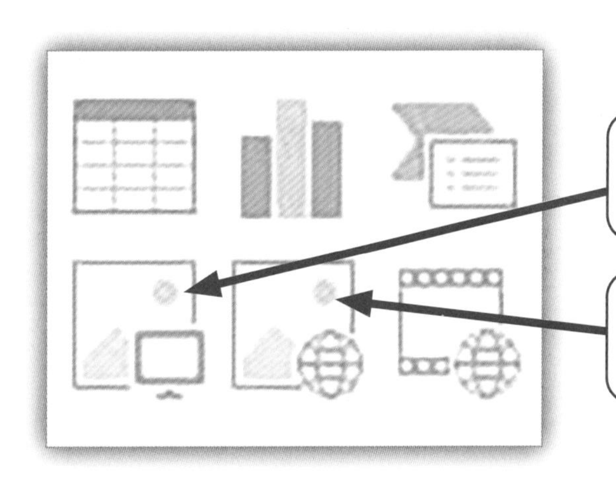

1. 单击此处，从你的计算机导入图像。
2. 单击此处，可在互联网上找到免费图片。

- 使用在第2册中学习的技能，调整图像大小或移动图像。
- 你还学会了为图像添加边框——如果你愿意，可以这样做。
- 记得保存你的作品。

活动

打开保存的幻灯片。

导入图像。

保存文件。

再想一想

与同学讨论幻灯片中文字或图片过多时会发生什么。

额外挑战

你可以使用文本框将其他文本添加到幻灯片中。你可以画一个**文本框**，然后在里面填写文字。

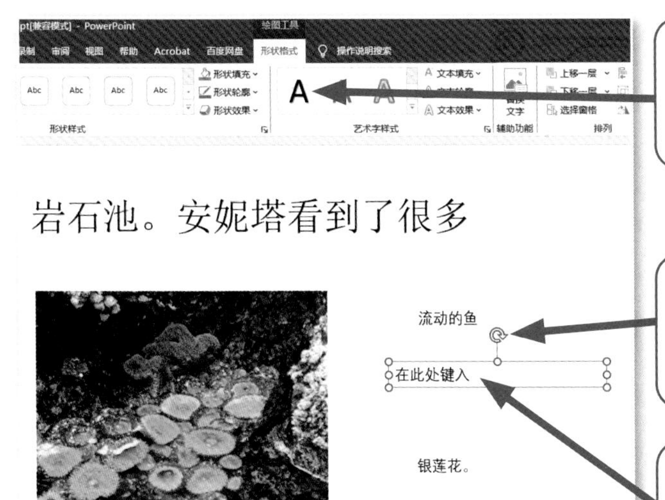

1. 在“绘图”部分单击文本框形状。
2. 单击、按住并拖动鼠标，以创建文本框。
3. 在文本框中键入文字。

未来的数字公民

当你搜索在线图片时，可能会在搜索引擎中看到“知识共享”字样。知识共享意味着制作图像的人选择让其他人使用他们的作品。当你使用这个图像时，最好说明或写明是谁制作了这个图像。

5.4 修改文档

本课中

你将学习：

→ 如何修改幻灯片放映文件。

有时幻灯片放映文件存在问题。

它可能有一些拼写错误或错别字。

它可能有一些语法错误。

它可能看起来不太好。

当你使用计算机创建幻灯片放映文件时，可以很容易地进行更改。你可以：

- 删除文字；
- 添加新文字；
- 更改图像；
- 更改字体、大小或颜色；
- 在幻灯片上移动事物。

打开名为Exploring the dessert（探索沙漠）的文件。

有拼写错误。

这张幻灯片上有很多单词。如果把它分成两张幻灯片可能会更好。

Exploring the dessert

- A desert is any place that gets 25cm or less watter every year.
- Some deserts are veri hot. The Sahara Desert reaches 50 degrees Celcius.
- Somme deserts are very cold. The Gobi Desert can be -45 degrees Celcius in the winter.

- To survive in the desert you need:
  - Special clothing
  - Shelter
  - Access to water. You can carry water with you, or use irrigation canals.

这张照片是甜点，不是沙漠。

纠正拼写错误或错别字。

删除甜点的图像。换成你在网上找到的免费沙漠图片。

更改标题的字体、颜色或大小。你可以选择任何字体、颜色或大小。

额外挑战

“探索沙漠”的幻灯片上有很多单词。

添加新幻灯片。

将部分文本剪切并粘贴到第二张幻灯片中。

为第二张幻灯片添加新图像。

在第一张幻灯片中移动内容，使文字和图片在屏幕上看起来更好。

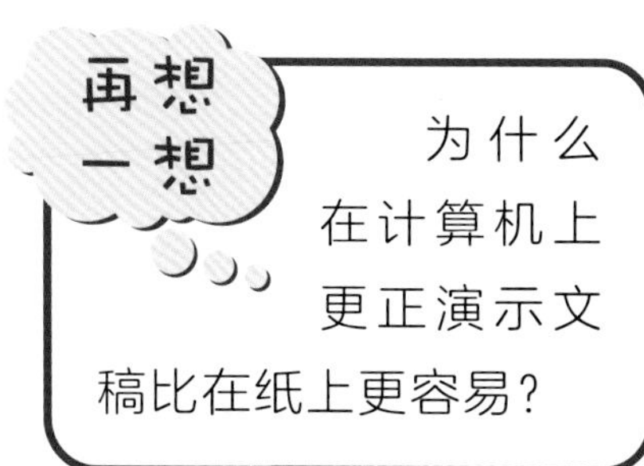

5.5 添加动画

本课中

你将学习：

➔ 如何在幻灯片中添加动画。

你可以通过在文本和图像中添加动作来使数字故事更加精彩。

每个动作都称为**动画**。

你可以使用动画使文本或图像在幻灯片上显示或消失。

故事接下来会发生什么？

1. 单击“动画”选项卡。

2. 单击要设置动画的图像或文本的边缘。数字是动画发生的顺序。

3. 选择所需的动画类型。

4. 选择是否希望在单击鼠标时显示动画。

天空乌云密布。雷声隆隆。暴风雨来了。

安妮塔找到了庇护所。她喝了一杯热巧克力。

5. 你可以为幻灯片的另一部分选择不同类型的动画。

你可以通过单击“预览”工具来查看你的故事的动画效果。

活动

打开你的数字故事。

至少再添加一张幻灯片。使用动画使图像显示出来。

保存文件。

创造力

完成你的故事。你喜欢自己作品的哪一点？

什么时候在幻灯片放映中使用动画有用？什么时候在幻灯片放映中使用动画没有用？

5.6 美化

本课中

你将学习：

➔ 如何使带文本和图像的幻灯片放映更美观。

主题

主题使幻灯片看起来更加丰富多彩。主题是一张幻灯片，当你打开幻灯片时，就能看到它的颜色、字体和效果。

这是同一张幻灯片，主题不同。找出主题之间的差异。

如何改变主题

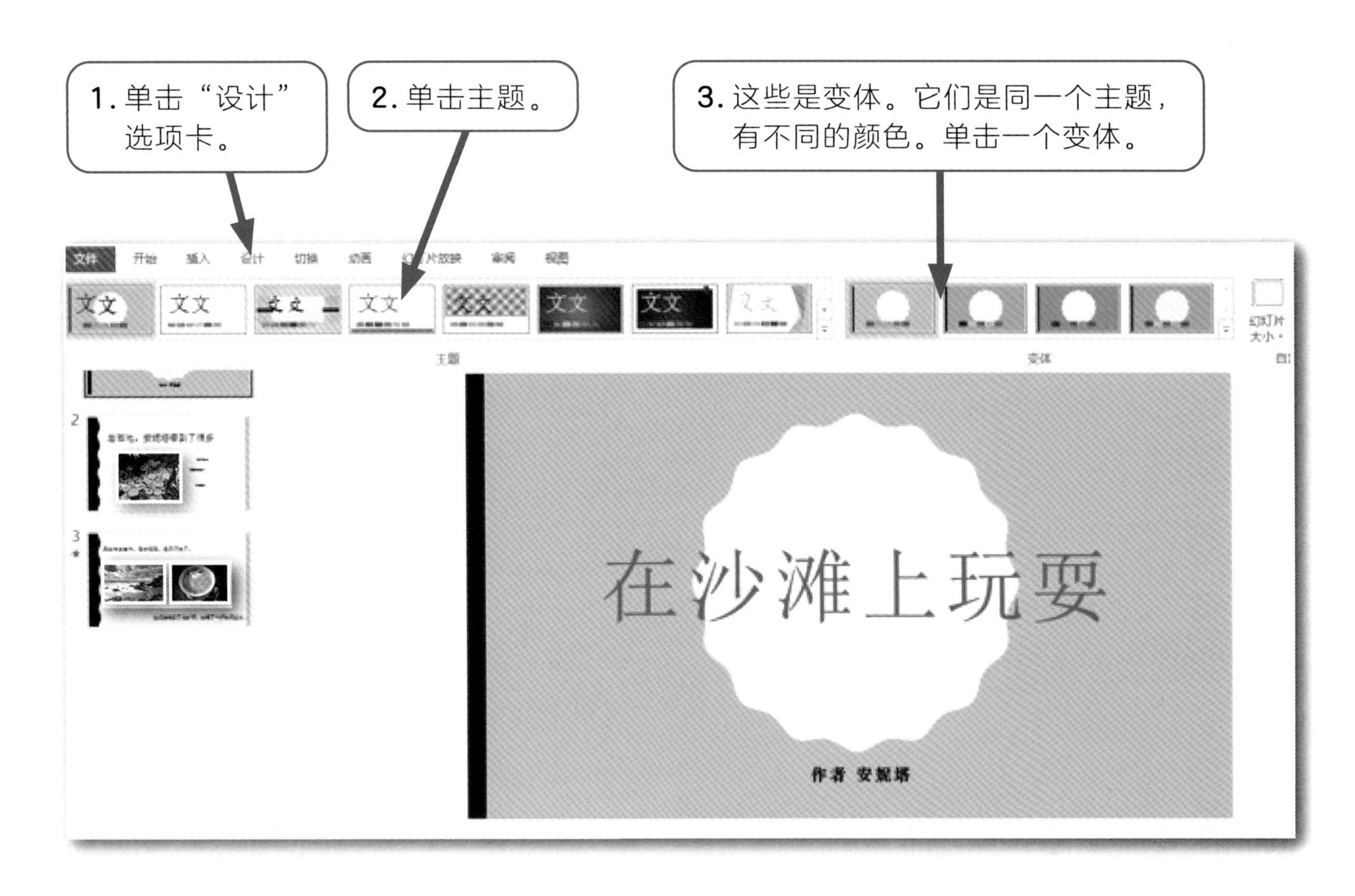

活动

打开数字故事文件。

为你的故事添加一个主题。

保存文件。

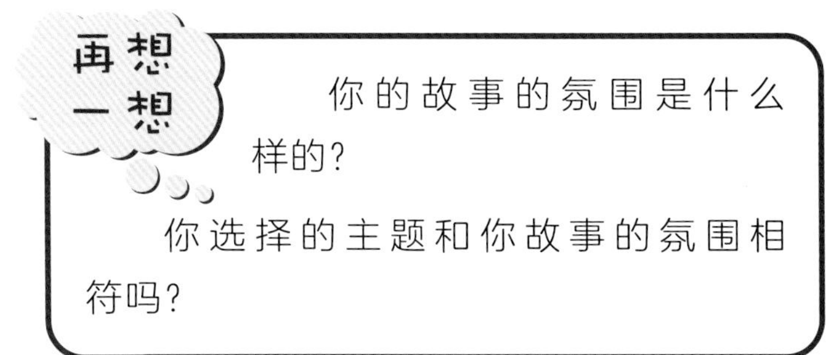

再想一想

你的故事的氛围是什么样的？

你选择的主题和你故事的氛围相符吗？

额外挑战

向同学们展示你的数字故事。让你的同学告诉你哪两个地方他们最喜欢，以及哪个地方需要改进。

测一测

你已经学习了：

- 如何使用软件制作带有文本和图像的幻灯片；
- 如何使带文本和图像的幻灯片放映更美观；
- 如何更正幻灯片放映文件中的错误；
- 如何在幻灯片放映文件中添加动画。

测试

1. 你可以使用哪种软件应用程序进行演示？

2. 单击哪个图标可以将文本框添加到演示文稿？

   a　　b　　c　　d

3. 这是演示幻灯片。

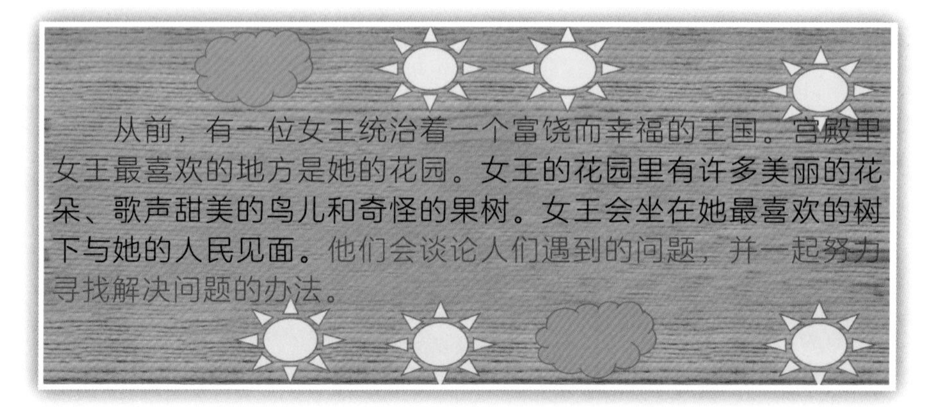

   说明一种可以改善此演示幻灯片外观的方法。

4. 画一幅图来说明如何设计幻灯片来呈现相同的信息。

活动

我最喜欢的冰淇淋是巧克力味的。

- 冰淇淋是由牛奶和糖制成的。
- 冰淇淋有许多不同口味。

你最喜欢的食物是什么？现在你要做一个简短的幻灯片。

1. 打开演示软件。添加标题幻灯片，标题为食物名称。在下面加上你的名字。

2. 再加一张幻灯片，介绍更多关于食物的知识。例如，你可以介绍食物成分。

3. 浏览幻灯片。找出并改正拼写或错别字错误。

4. 向幻灯片中添加图像。

5. 这个幻灯片是给小孩子看的。确保字母大且容易阅读。

6. 为幻灯片选择合适的主题。

自我评估

- 我回答了测试题1和测试题2。
- 我完成了活动1和活动2。我开始制作幻灯片并添加文字。
- 我回答了测试题1～测试题3。
- 我完成了活动1～活动4。我修复了错误，并在幻灯片中添加了一个图像。
- 我回答了所有的测试题。
- 我完成了所有的活动。

重读本单元中你不确定的部分。再次尝试测试题和活动，这次你能做得更多吗？

数字和数据：向日葵

你将学习：

- 如何将值和标签放入电子表格；
- 如何使用电子表格公式进行计算；
- 如何绘制图表以可视化方式显示多个值。

在本单元中，你将制作一个电子表格。它将记录向日葵在学校花园中生长的高度。你可以种植自己的向日葵并测量它们。如果没有，你可以使用本单元中提供的数字。

你知道吗?

科学家研究植物生长，以便开发新的农作物。好的农作物意味着世界人民有更多的食物。

学习成果：使用软件输入数字数据，并进行计算。

课堂活动

公式　单元格引用
图表　折线图
向下复制

测量并记录结果。这里有两条建议。

- 用种子种向日葵。第一批嫩芽至少需要2～4周才能出现。向日葵开始生长后，你可以每天测量它们。
- 测量任何生长的东西。它可以是植物，也可以是动物。

谈一谈

图表是以直观的方式显示数值信息的一种方式。图表也可以称为图形。在课堂上，从课本、杂志或网上找一些图表进行讨论。

- 图表中显示了哪些信息？
- 哪些特性使图表易于理解？
- 你最喜欢哪个图表？

6.1 制作电子表格

本课中

你将学习：

➔ 如何通过输入文本和数字来制作电子表格。

螺旋回顾

在第 2 册中，你做了一个关于自然保护区的电子表格。在本课中，你将使用这些技能制作一个关于向日葵的电子表格。

向日葵

城市公园学校的学生种了向日葵。他们每天测量向日葵芽，并将测量结果记录在电子表格中。

什么是电子表格？

电子表格是由列和行组成的网格。行用数字编号，列用字母标识。

列与行交叉的地方就形成一个单元格。单元格的名称由列字母和行号组成，这称为**单元格引用**。

使用电子表格存储信息：

- 数值；
- 告诉我们数值含义的标签。

你将制作一个记录植物生长情况的电子表格。

将数据添加到电子表格

通过单击选择一个单元格。添加标题。

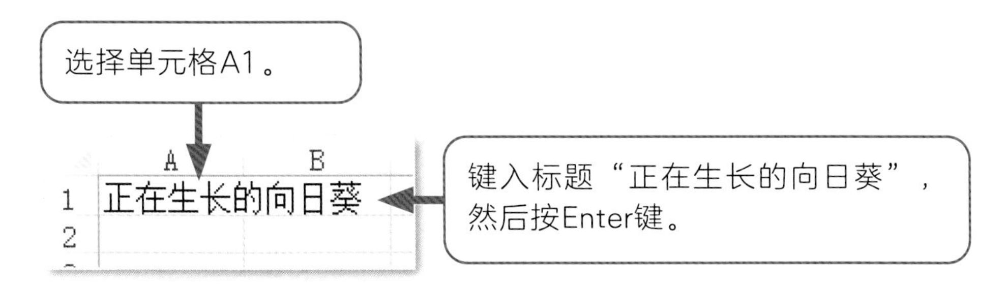

学生们每天测量向日葵。

- 标签显示测量向日葵的日期。
- 数值显示向日葵高度（单位：厘米）。

下面是带有标签和数字的电子表格。

	A	B	C	D	E
1	正在生长的向日葵				
2		周一	周二	周三	周四
3	植物1	2	5	7	9
4					

活动

创建一个类似于本页所示的电子表格。

你可以使用本页中的数据制作电子表格。

如果你自己种了向日葵，你可以用你自己的测量数据。

额外挑战

你已经学会了如何格式化文本。例如，你已经学会了如何把文本放大。现在就使用这些技能，使电子表格标题的文本变大并加粗。如果你喜欢，你也可以改变颜色。

再想一想

数值以厘米（cm）为单位。用一个单元格放置单位信息，并给出单元格的名字。

6.2 制作折线图

本课中

你将学习：

➔ 如何制作电子表格数据图表。

显示增长

城市公园学校的学生想展示他们的向日葵是如何生长的。他们决定做一张图表，该图表以可视形式显示数值数据。

利用电子表格数据制作图表是很容易的。

什么是折线图？

折线图显示值如何随时间变化。折线低的地方，值就小。折线高的地方，值就大。你的折线图将显示向日葵的高度，它将显示高度是如何变化的。

制作图表

图表是由值组成的。选择具有值的单元格。在这些单元格上拖动鼠标。

	A	B	C	D	E
1	正在生长的向日葵				
2		周一	周二	周三	周四
3	植物1	2	5	7	9
4					

窗口顶部的选项卡允许你执行不同的操作。

图表窗口打开。有许多不同的图表类型。你将在以后的课程中对这些图表进行研究。

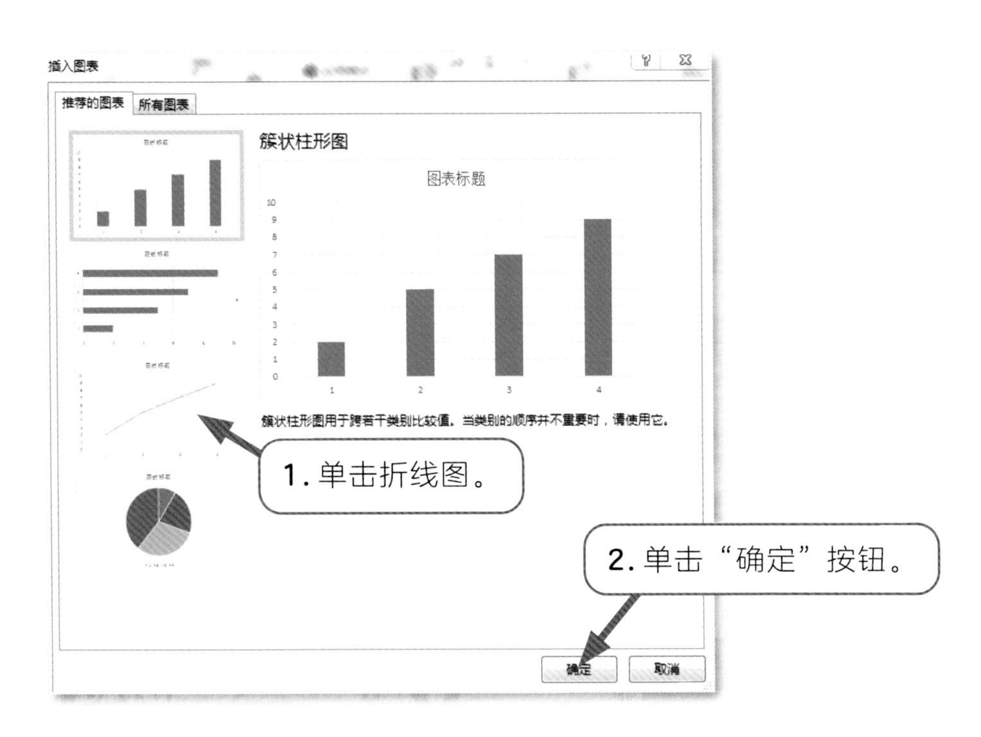

完成的图表

软件生成了这个图表。在下一课中，你将完善这个图表。

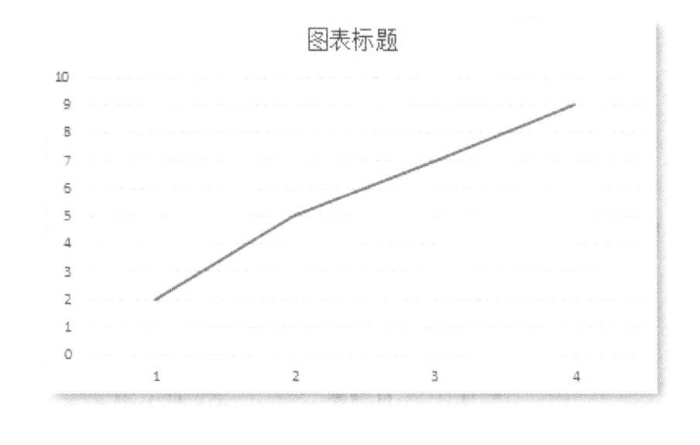

活动

做一个向日葵数据的折线图。

额外挑战

对电子表格中的数字进行更改。

图表会发生什么变化？

再想一想

下一课将在图表中添加标签。建议添加一个标签到图表中。

创造力

画一幅向日葵一天天长得越来越大的图画。

6.3 美化图表

本课中

你将学习：

➔ 如何使图表更有用；

➔ 如何更改图表的样式。

中文界面图

解释图表

城市公园学校的学生想分享他们制作的图表。他们决定在家长节向家人展示图表。但他们不确定这些图表是否容易理解。在本课中，你将对图表进行更改，以使它们更容易理解。

选择值和标签

上一课选择了要制作折线图的值。现在再试一次，但这次也要选择标签。

	A	B	C	D	E
1	正在生长的向日葵				
2		周一	周二	周三	周四
3	植物 1	2	5	7	9

和你上一课做的图表完全一样。打开“插入”选项卡，并单击“推荐图表”。折线图如下图所示。

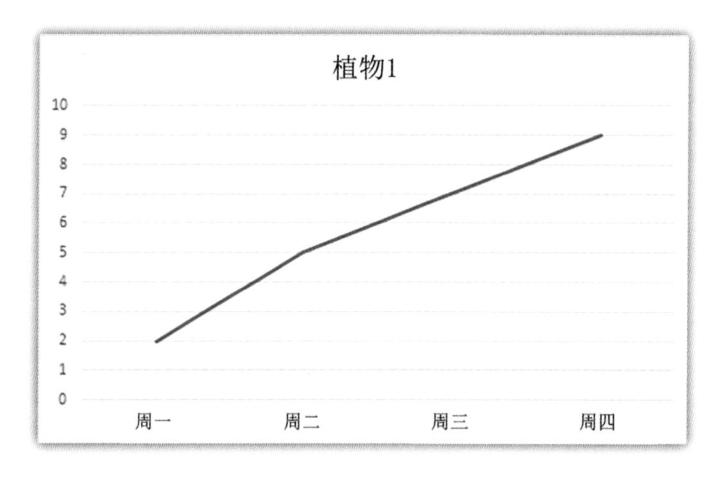

现在图表有了值和标签，它更实用了。你只要看一下图表就能知道它是关于什么的。

改变设计

单击图表，并打开屏幕顶部的“图表设计”选项卡。你可以选择不同的款式和颜色。

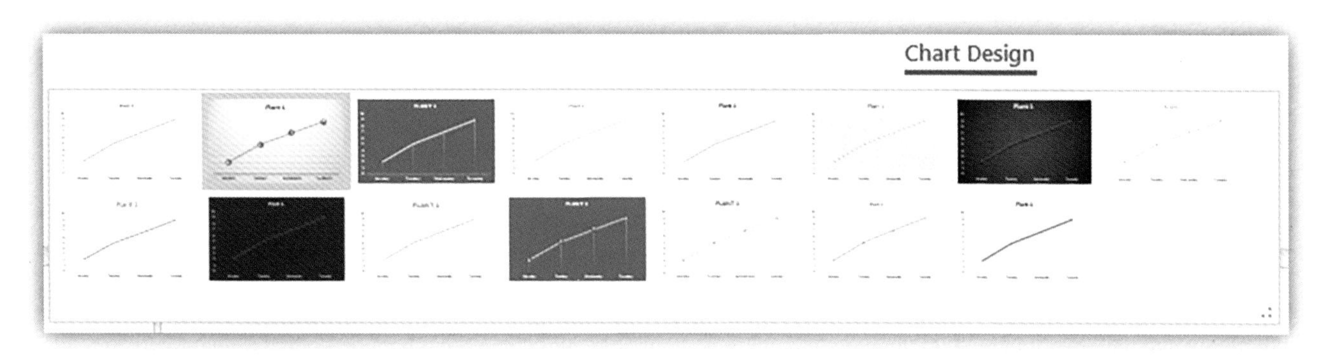

只需单击一下，就可以使图表看起来与众不同。这里有一个例子——选择你最喜欢的设计。

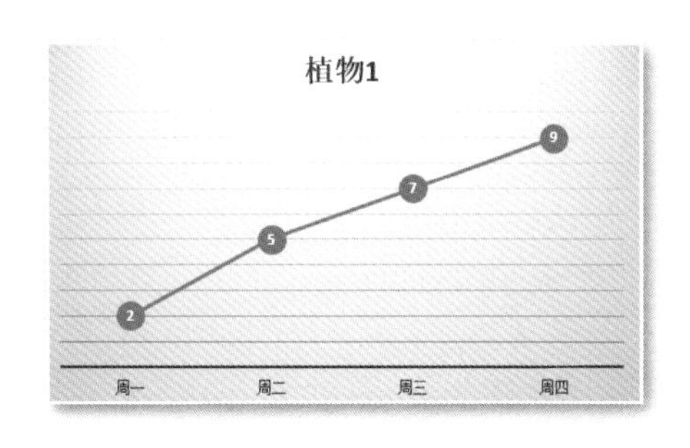

活动

通过添加标签来改进图表。

额外挑战

更改图表的颜色和设计。

探索更多

把你做的图表打印出来。

- 在教室里展示你的图表。
- 把图表带回家给大人看。让他们说说能在图表中看到什么。他们能明白图表显示了什么吗？

6.4 计算增长

本课中

你将学习：

➔ 如何使用电子表格公式来计算有用的信息。

增长了多少？

城市公园学校的学生想知道从周一到周五向日葵长了多少。答案是：

周五有多高

减

周一有多高

现在你要做一个**公式**来解答这个问题。

公式就是指令。它告诉电子表格计算出一个结果。它使用运算符。你已经学习了编程中的运算符。

添加标签

必须始终使用标签来解释电子表格中值的意义。电子表格显示了从周一到周四的几天。添加新标签“周五”。在该标签下键入一个新的数。现在你有了整个星期的增长数据。

- 你将计算一周的总增长量。把“增长”这个词放在这一行的末尾，即单元格G2。
- 选择单元格G3，即公式所在的单元格。

	A	B	C	D	E	F	G
1	正在生长的向日葵						
2		周一	周二	周三	周四	周五	增长
3	植物 1	2	5	7	9	12	
4							

编写公式

看看最后一页的顶部，看看你需要的公式。按照以下步骤制作公式：

1. 键入等号。每个公式都以等号开头。

2. 单击周五的值。

3. 键入减号运算符。

4. 单击周一的值。

公式是这样的。

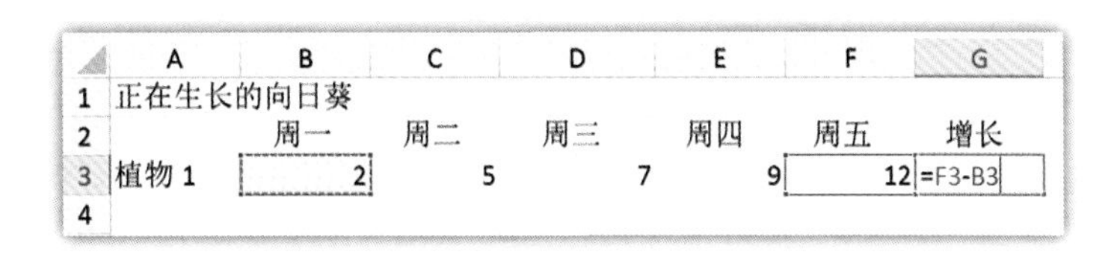

	A	B	C	D	E	F	G
1	正在生长的向日葵						
2		周一	周二	周三	周四	周五	增长
3	植物 1	2	5	7	9	12	=F3-B3
4							

按Enter（回车键），计算机将计算出结果。你看到的答案将取决于你为周五输入的值。

单元格引用

通过单击单元格，你创建了如下公式：

=F3－B3

F3和B3是单元格引用。通过单击单元格，可以将单元格引用放入公式中。当计算机看到单元格引用时，它使用存储在该单元格中的值。

用本页所示的方法扩展电子表格。用公式计算出植物的生长量。更改电子表格中的数字，然后查看最后一列中的结果如何更改。

额外挑战

在现实生活中，你会种植不止一种植物。通过添加更多行来扩展电子表格。你能画一张图表来显示多种植物的生长情况吗？

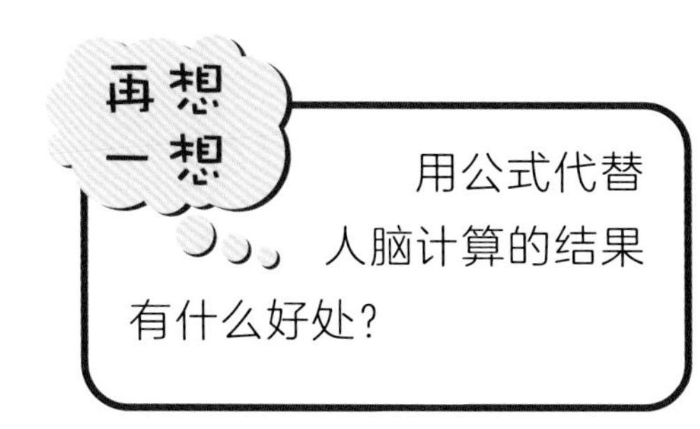

用公式代替人脑计算的结果有什么好处？

6.5 比较不同植物

本课中

你将学习：

➔ 如何扩展电子表格以显示更多信息。

另一种植物

城市公园学校的学生种植了不止一种植物。他们测量了每一种植物。他们想比较不同的植物。他们扩展了电子表格，以显示另外一种植物。他们对电子表格进行扩展，以展示多种植物。

换行

电子表格由行和列组成。

- **列**包含不同的数据项（例如周一、周二、周三的高度等）。
- **行**保存关于单个项的所有数据（例如植物1）。

你将添加有关植物2的数据。你将使用电子表格的第4行。添加标签和值，如下图所示。你可以使用任何你喜欢的值。

	A	B	C	D	E	F	G
1	正在生长的向日葵						
2		周一	周二	周三	周四	周五	增长
3	植物1	2	5	7	9	12	10
4	植物2	4	5	8	9	11	

复制公式

现在你需要一个公式来计算从周一到周五的增长。

你可以再编写一次这个公式，就像你为植物1做的一样。但是有一个更快更方便的方法。可以将公式复制到下一行。这个操作的名字叫作**向下复制**。

要复制的公式位于单元格G3中。

F	G
周五	增长
12	10
11	

1. 将鼠标指针移到单元格的右下角，它将变为十字形。
2. 按住鼠标键，并将指针拖动到下面的单元格（单元格G4）中。

新公式

你应该看到植物2的结果。具体数值将取决于你先前选择的数字。

	A	B	C	D	E	F	G
1	正在生长的向日葵						
2		周一	周二	周三	周四	周五	增长
3	植物1	2	5	7	9	12	10
4	植物2	4	5	8	9	11	7

单击单元格G4查看新公式。看起来是这样的：

=F4-B4

将其与单元格G3中的公式进行比较：

=F3-B3

单元格引用已更改。由于单元格引用已更改，因此公式给出了植物2的正确答案。

活动

制作本页所示的电子表格，包括植物1和植物2的结果。

额外挑战

扩展电子表格，以显示另外5个植物。将公式向下复制到所有行。如果你有时间，做一张图表来显示所有植物的生长情况。

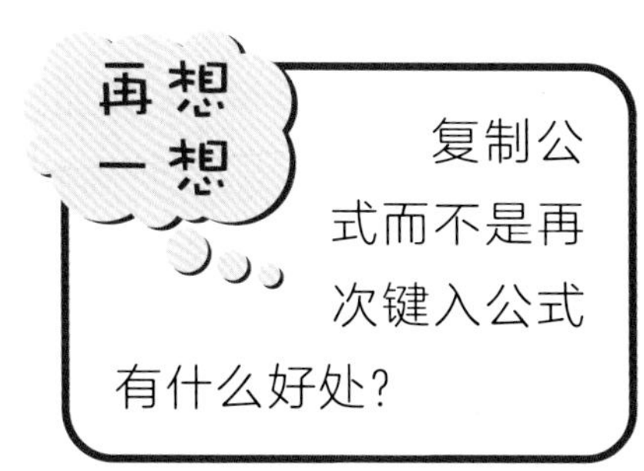

6.6 理解数值

本课中

你将学习：

➔ 如何理解电子表格中的值；

➔ 如何以合理的方式展示数值。

显示值

城市公园学校的学生想用一种合理的方式展示向日葵数据。

他们制作了图表。但有些图表是错误的。在本课中，你将看到图表是如何出错的。

扩展电子表格

通过增加三个植物，使电子表格更大。补全数值。使用“向下复制”计算每个植物的生长量。

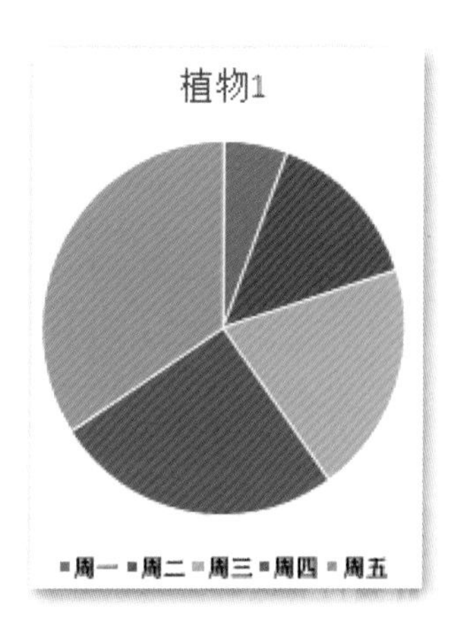

饼图

有些学生做了饼图。此饼图显示植物1的结果。

这个图表没有意义。饼图显示了几个部分是如何构成一个整体的。但是植物每天的高度不是一个整体的一部分。饼图不能帮助我们了解植物是如何生长的。

折线图

一些学生制作了折线图。该折线图显示了所有5个植物的结果。

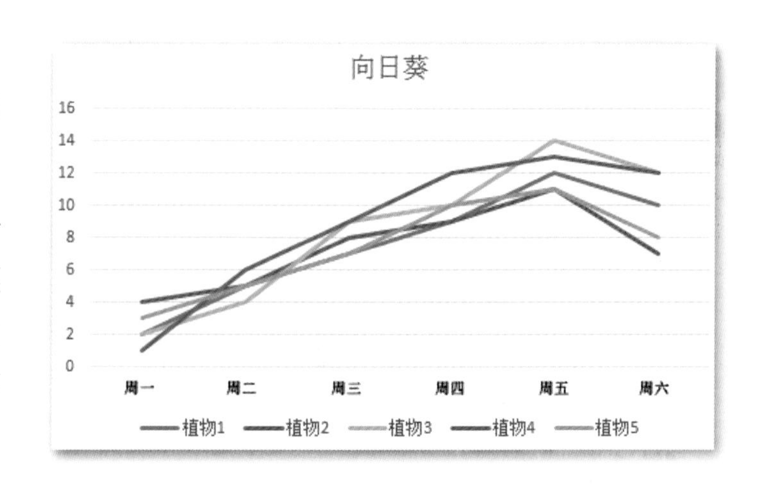

该图表比饼图好多了，但是有一个错误。折线图展示的是随时间推移某事物的变化情况。该图表显示的最后的值是总增长量。它与其他数（植物的高度）不同，它不应包含在图表中。

活动

制作植物数据的折线图，只包括每天的结果。单击“图表标题”，并键入合适的名称。

柱形图

有些学生想比较每种植物的总生长量。他们决定做一个柱形图。柱形图是比较不同项目的单个值的好方法。柱的高度显示值有多大。

你需要为每个植物选择一个值。选择植物名称。然后按住Ctrl键。选择增长数据。

使用所学的方法将这些数据生成柱形图。选择一个电子表格并添加一个合适的标题。

	A	B	C	D	E	F	G
1	正在生长的向日葵						
2		周一	周二	周三	周四	周五	增长
3	植物1	2	5	7	9	12	10
4	植物2	4	5	8	9	11	7
5	植物3	2	4	9	10	14	12
6	植物4	1	6	9	12	13	12
7	植物5	3	5	7	10	11	8

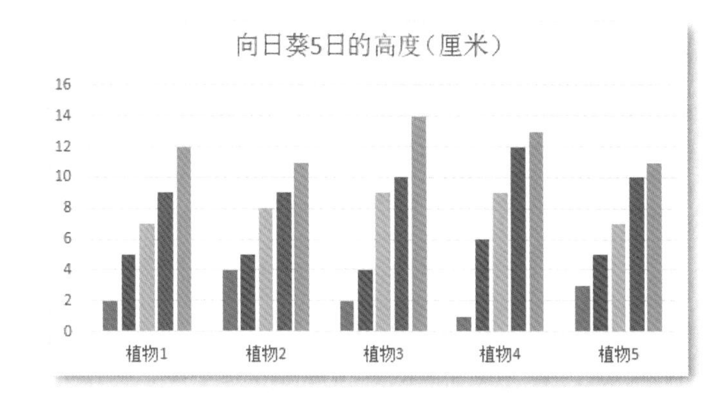

额外挑战

做一个柱形图来比较每个植物的生长情况。

再想一想

饼图显示了部分如何构成整体。想一想饼图适宜的使用场合。不必使用向日葵这个话题。

未来的数字公民

图表用来显示数据。准确的图表用处很大。

他们让你一眼就能看出事实。但要小心——有些图表是误导性的。学会阅读和理解图表，这样你就知道它们是否有意义。

测一测

你已经学习了：

- ➔ 如何将值和标签放入电子表格；
- ➔ 如何使用电子表格公式进行计算；
- ➔ 如何绘制图表以可视化方式显示值。

测试

法希姆在流浪猫收容所工作。一些小猫在收容所出生。法希姆每周给小猫称体重。他把它们的体重记录在电子表格中。

	A	B	C	D	E	F
1	小猫体重（克）					
2		第一周	第二周	第三周	第四周	
3	路威	150	226	283	340	
4	金杰	280	370	450	580	
5	帕奇	200	310	380	420	

❶ 法希姆想增加新的一周的数据。他会把“第五周”的标签放在哪个单元格？

❷ 在第5周，路威重400克。给出要输入此数据的单元格引用。

❸ 给出计算第1周至第5周路威总增重的公式。

❹ 法希姆想看到每只小猫的体重增加。法希姆如何操作才能不必再次输入公式呢？

❺ 你可以用什么样的图表来比较每只小猫的体重增加？解释你的答案。

法希姆制作了一个电子表格，显示所有住在收容所的小猫。小猫是按颜色和性别来分组的。

	A	B	C
1	我们的小猫		
2		公猫	母猫
3	黑色的	2	4
4	有斑纹的	5	4
5	姜黄色的	4	0
6	其他	7	8

1. 制作电子表格来显示这些数据。
2. 把不同性别小猫的数目相加，计算出每种颜色小猫的总数。
3. 制作一张图表，显示每种颜色小猫的数量。

自我评估

- 我回答了测试题1和测试题2。
- 我完成了活动1。我通过输入字词和数字做了一个电子表格。
- 我回答了测试题1～测试题4。
- 我完成了活动1和活动2。我在电子表格中添加了公式，找到了每种颜色小猫的总数。
- 我回答了所有的测试题。
- 我完成了所有的活动。我做了一张图表来显示每种颜色小猫的数量。

重读本单元中你不确定的部分。再次尝试测试题和活动，这次你能做得更多吗？

词汇表

变量值（variable value）：程序中可以更改的值。例如，该数字可以是来自用户的输入。

程序（program）：告诉计算机该怎么做的一系列命令。

程序员（programmer）：写程序的人。

除，除法（divide,division）：把某物分成几部分。符号÷表示除法。符号/表示电子表格中的除法。

处理（processing）：将输入变为输出。

处理器（processor）：计算机内部的电子设备。处理器使用电信号控制计算机的所有其他部件。

触摸屏（touchscreen）：一种能检测到用户对它进行触摸操作的屏幕，用于输入和输出。

错误（error）：程序中的错误。如果一个程序有错误，它可能无法运行，或者它可能做错误的事情。

单元格引用（cell reference）：电子表格中单元格的名称。由列字母和行号（例如B3）组成。

导入（import）：将互联网、照相机或计算机上其他位置的文本或图片添加到演示文稿等文件中。

等于（equals）：与……相同。符号=表示等于。

电子邮件（email）：以电子方式共享的书面信息——由electronic mail缩写为email。

电子邮件地址（email address）：告诉计算机消息需要转到哪个电子邮件箱。

电子邮件客户端（email client）：通过服务器发送和接收电子邮件的程序或App。

动画（animation）：一种使幻灯片上的文字或图片动起来的方法。

度（degrees）：用来度量角度或转弯的大小。直角（正方形的角）是90度，可以写成90°。

附件（attachment）：与电子邮件一起发送的附加文件，例如图片或文档。

公式（formula）：

电子表格计算值的指令。

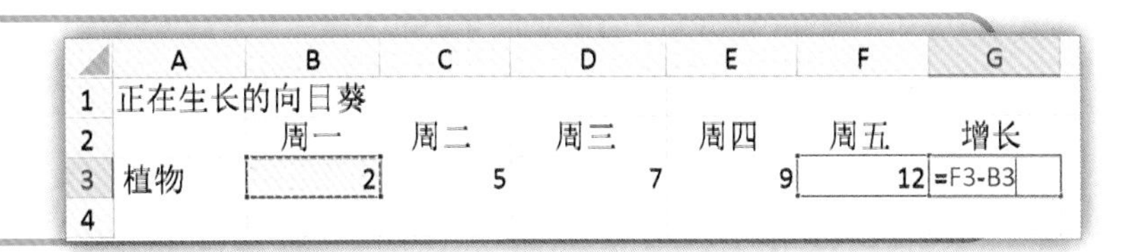

	A	B	C	D	E	F	G
1	正在生长的向日葵						
2		周一	周二	周三	周四	周五	增长
3	植物	2	5	7	9	12	=F3-B3
4							

固定值（fixed value）：程序中不变的值。例如，该数字可能写入程序的一个积木块上。

规划（plan）：列出程序的命令。程序员在编制程序之前应先制订规划。

幻灯片（slide）：幻灯片放映中的页面。

幻灯片放映（slide show）：与他人分享一系列想法、文本和图像的方式。

加载（load）：从存储器中取出文件。文件加载后，计算机可以运行该文件。

角（angle）：两条线相交形成一个角的形状。例如，正方形或三角形的拐角处就是角。角的大小是用度数来度量的。

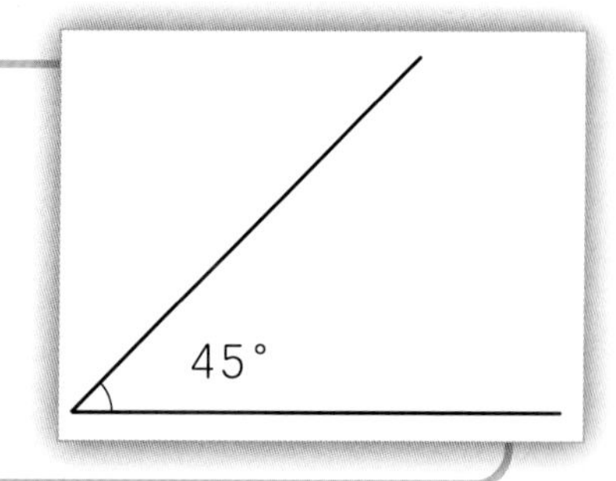

垃圾邮件（spam）：一条你没有需求，对你来说并不重要的消息。垃圾邮件经常试图向你出售产品或使计算机出现问题。

平板计算机（tablet computer）：比智能手机大的移动设备。

清除（erase）：删除或消除。

软件（software）：程序的通用术语。购买软件时，你购买的是别人制作的程序。

收件箱（inbox）：电子邮件程序中的一个电子文件夹，用户的新电子邮件将放到该文件夹中。

手持式（hand-held）：小到可以拿在手里使用的设备。

输出（output）：来自程序的信息和信号。用户可以看到或听到输出。信息可以是图片、声音、文字或数字。

输出设备（output device）：从处理器获取信息并将其转换为输出的设备。

输入（input）：进入程序的信息和信号，例如由用户输入的信息和信号。

输入设备（input device）：向处理器发送信息和指令的设备。

数码设备（digital device）：任何装有计算机的设备。

数值（value）：计算机文件（例如程序或电子表格）中使用的数字。

数字的（digital）：由数字组成。计算机内部的一切内容都是数字的。

提示（prompt）：给用户的消息，告诉他们要提供什么输入。

图表（chart）：用可视化方式显示值的图形。

图像（image）：一张图片。

网络钓鱼（phishing）：尝试获取有关你的个人信息的电子邮件。

网址嫁接（pharming）：使用假网站欺骗人。

文本框（text box）：可以画一个框，并在里面输入文字，这个框就是文本框。

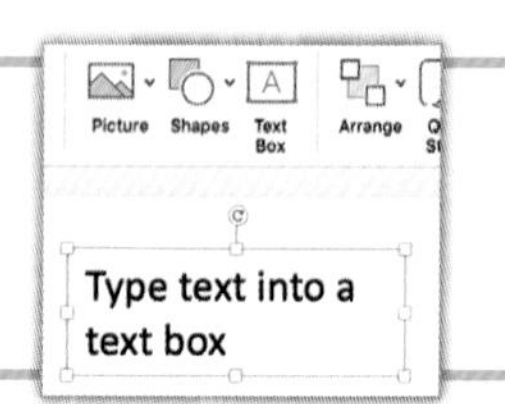

向下复制（copy down）：将电子表格公式复制到下面的行。单元格引用将自动更改，以便能得到正确的结果。

需求（requirement）：程序必须产生什么输出的说明。在编写程序之前，应该先了解程序需求。

循环（loop）：一种程序结构。循环中的命令将重复执行。

移动设备（mobile device）：可以随身携带和使用的手持设备。

用户（user）：使用程序的人，他们键入输入并查看输出。

域（domain）：像学校、企业或电子邮件供应商这样的地方。

运算符（operator）： 将输入转换为输出的符号或字。例如，加号是一个求两个数的和的运算符。

运行（run）： 运行程序时，计算机执行程序中的命令。

折线图（line chart）： 用一条线表示某事物随时间变化的图表。

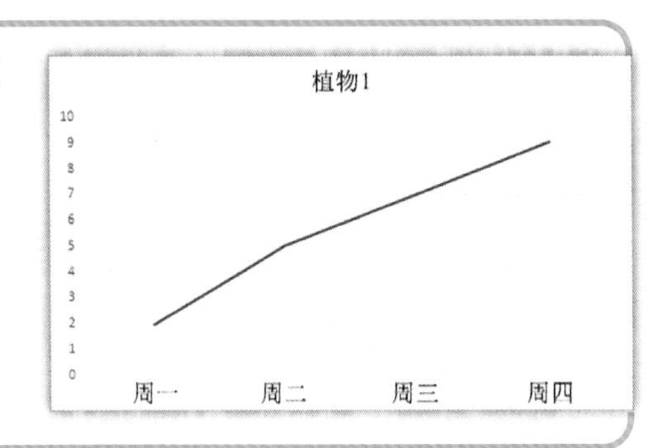

智能手机（smartphone）： 内置计算机的手机。

主题（theme）： 预先设置的颜色，字体和效果，例如在进行演示时。